灾难简史

灾难简史

地球与人类共同经历的生存挑战

[韩] 宋炳建 著
滕飞 译

中国出版集团
中译出版社

재난 인류 (THE DISASTERS IN HUMAN HISTORY)
Copyright © 2022 by 송병건 (Song Byung Khun)
Translation rights arranged by Wisdom House, Inc. through May Agency and CA-LINK International LLC.
Simplified Chinese Translation Copyright © 2025 by China Translation & Publishing House

著作权合同登记号：图字01-2023-0725号

图书在版编目（CIP）数据

灾难简史：地球与人类共同经历的生存挑战 /（韩）宋炳建著；滕飞译. — 北京：中译出版社, 2025. 6.
ISBN 978-7-5001-8011-1

I. X4

中国国家版本馆CIP数据核字第202417XP15号

灾难简史：地球与人类共同经历的生存挑战
ZAINAN JIANSHI: DIQIU YU RENLEI GONGTONG JINGLI DE SHENGCUN TIAOZHAN

出版发行：中译出版社
地　　址：北京市西城区新街口外大街28号普天德胜大厦主楼 4 层
电　　话：（010）68359827（发行部）；68357328（编辑部）
邮　　编：100088
电子邮箱：book@ctph.com.cn
网　　址：http://www.ctph.com.cn

责任编辑：于建军
营销编辑：李佩洋
装帧设计：潘　峰

排　　版：北京中文天地文化艺术有限公司
印　　刷：山东新华印务有限公司
经　　销：新华书店

规　　格：710毫米 × 1000毫米　1/16
印　　张：22.75
字　　数：264千字
版　　次：2025年6月第1版
印　　次：2025年6月第1次

ISBN 978-7-5001-8011-1　　　　**定价**：68.00元

序言

在灾难面前，人类的对策与挑战

在全世界肆虐的灾难

我们生活的环境是否安全呢？打开新闻，人们不难发现，周围的一切似乎都存在着危险。例如，在世界许多国家，不断有人确诊新型冠状病毒感染[①]（COVID-19）甚至死亡；美国和澳大利亚发生的山火持续了数月，造成了不可估量的损失；在东亚和东南亚地区，强台风造成了重大的人员伤亡，有的地区甚至造成百姓流离失所。

韩国亦是如此。工地的起重机倒塌、地热电站引发地震、电缆隧道发生火灾造成网络平台瘫痪、玩具中大量检测出对人体有害的化学物质……我们不得不思考，诸如此类的事故为何接二连三地发

① 2022 年 12 月 26 日，国家卫生健康委员会将新型冠状病毒肺炎更名为新型冠状病毒感染。——译者注

生？从没有一个时代像今天这般科技高度发达，人们高度关注灾难并大规模投入预算。但是，为何人类仍旧无法摆脱灾难的阴影？更匪夷所思的是，比起过去，如今灾难的规模变得更加难以控制，属性更加复杂，不断地威胁着我们的生活。

让我们举一个记忆犹新的例子吧。2011 年，日本发生了 3·11 大地震。这次地震的起因是位于海底 29km 的两个板块发生了冲撞。这场高达 9.0 级的地震随后引起了大规模的海啸。在地震发生仅 50 分钟后，高达 15m 的海啸席卷了位于福岛县的核电站。突如其来的海啸造成了核电站的电力供应瘫痪，淹没了位于地下的应急发电机，使得其中的设备瞬间成为了无用之物。不仅如此，随之而来的还有冷却水泵失灵造成了反应堆内部温度和压力急剧上升，导致了核反

图 1 摄于 2011 年位于日本福岛县的核电站泄漏后
©Digital Globe

应堆压力容器的熔化。直接暴露在空气中的核燃料发生爆炸，安全壳被摧毁。最终，日本福岛发生了核泄漏事故。该事故对大气、土壤、地下水、海水造成了放射性污染。迄今为止，核泄漏仍在持续。近期，日本政府还计划将核污水排向大海。

据国际原子能机构（IAEA）制定的国际核事故分级（International Nuclear Event Scale，INES）显示，福岛核电站事故属于7级大型核事故。这与1986年在苏联发生的切尔诺贝利核电站事故属于同一等级。日本政府把事故发生地点半径20km内的区域划为警戒区域，禁止居民进入。数十万灾民失去了赖以生存的家园，不得不搬到其他地区。这场灾难是一场典型的具有复合性的现代灾难事故。虽然最初只属于地震和海啸这类自然灾害，但是随着一系列连锁效应的发生，电力供应体系和核电站安全设备相互作用，引发了系统性灾害，最终造成了核电站事故。此外，福岛核事故发生后，放射性物质以大气、海水和农水产品为媒介扩散到了周边国家，这也体现了灾难具有全球化的特性。

人类的生活以及危险的历史

在生活中，每个人都会经历各种各样的危险。特别是，如果发生意想不到的事故，那么最基本的生存条件——安全就会受到威胁。即使在技术发达到能够预防和应对各种危险，并且各种制度较为完善的今天，躲避危险、谋求安全也绝非易事。更何况是在技术和制度尚不完善的过去呢？数不清的危险如幽灵般阴魂不散，很多人最终只能遗憾地与宝贵的生命作别。即使好不容易避免死亡，受伤和疾病仍像是两座大山，持续地压迫人们的肉体和精神。在过去，这种例子比比皆是。实际上，人生就像苦海一般，而人类则在充满着痛苦的世界生存。

回顾历史，人类受制于灾难的现象也非常普遍。为什么人类经历了漫长的历史，却至今无法从灾难中脱离，过上安全的生活呢？难道是因为灾难对人类来说是不可抗拒的存在吗？难道是因为灾难是命运的产物，半点不由人吗？难道是因为人类的技术仍然不够先进，不能游刃有余地应对灾难吗？难道是由于人类对未来的预知力不足，而灾难又不断披上不同的外衣，才如此变幻莫测吗？难道是因为人类不想承担应对灾难的费用而默许了灾难的发生吗？

如此想来，我们可以发现，应对灾难时的策略是多种多样的，而决定应对策略的因素也不尽相同。对灾难原因的认识、灾难特性、防灾技术水平、预防灾难所需的费用等均是代表性的因素。要想了解这些因素实际上是如何起作用的，就必须从过往的历史中寻找答案。通过观察人类的历史，分析在具体的情况下人类做出了怎样的选择和行动，从而更全面地理解灾难和人类的关系。这也是这本书从历史角度切入研究的原因。

从人类出现在地球上开始，便面临并克服着无数危险因素并存活至今。但是，并不是所有的危险因素都与时代无关，总是保持着类似的形态。此外，人类应对危险因素的方式各不相同。让我们先简单地梳理一下人类接受灾难的历史吧。

初期，人类经历了最难以预测的自然变化、为了获得粮食所面临的危险、为了生存与种族间的斗争等。特别是在对自然的控制力极弱的原始时代，猛兽的攻击、一场小小的洪水、旱灾、疾病等都

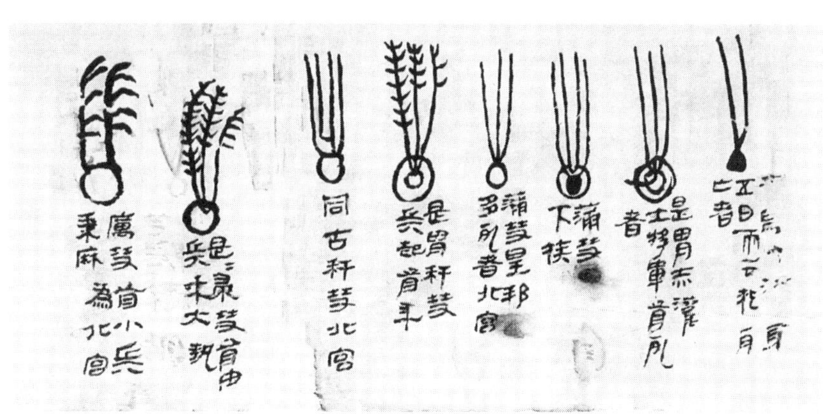

图 2　出土的汉代彗星图
对天文学的关心体现了人们渴望规避灾难的心愿

是威胁人类生存的重要因素。在与危险的不断斗争中，人类历史的齿轮开始转动。部落将自然界中具有强大力量的存在视作图腾，并随着四季更迭，规定部落应该避免哪些禁忌的发生；通过巫师向部落的人们传达上天的旨意；观察星座和天体的移动等行为都体现了人类渴望预测灾难前兆、规避风险的意图。

在历经古代和中世纪时期后，人类应对危险的能力逐渐提高。但是，在随时可能出现的危险面前，大多数人仍然处于被动状态。于是，人类建立了信仰以及共同体互助体系。此外，政治权力也深受自然灾害的影响。因为一旦发生灾难，百姓很可能会怀疑当权者丧失了作为统治者的正当性。特别是在以农业为支柱产业的传统社会，频繁发生的干旱和洪水对民生有着举足轻重的作用。于是，统治者不得不倾注心血举行祈雨祭或祈晴祭等活动。

随着近代社会的到来，人们对危险因素的认识发生了戏剧性的变化。宗教的影响力不断减弱，科学革命如火如荼地进行，启蒙主义思潮广泛扩散。紧接着工业化和城市化来临，国家的运营模式也

图3 马尔滕·德·沃斯（Maarten de Vos）《瘟疫，战争和饥荒》（*Peste*，*guerra e carestia*）扬·萨德勒（Jan Sadeler）蚀刻仿作 16 世纪末，在欧洲这片大地上，各种灾难接踵而来

随之变化。与此同时，人类的知识和思考方式同过去相比，也发生了巨大的变化。人们普遍认为，密切观察和合理推论对预防风险有效。特别是在 18—19 世纪后，人们对工伤这一概念更加敏感。即劳动者对工作时发生的事故和疾病的关注度越来越高。灾害不断地演化出新的形式，过去在工坊小规模发生的事故演变成了在工厂发生的大规模惨案。此外，交通工具的发展催生了新型灾害的登场，化学工业的发展带来了具有危险性的新物质等。为了应对新型灾害，人们尝试通过各种方法解决问题，越来越多的人认为制度改革已然迫在眉睫。

此后，在 20 世纪和 21 世纪初，有关灾难的知识、应对技术、社会处理对策不断得到普及与完善，并发展至今。但是，如今大大小小的灾难仍然持续地发生着。仅从工伤来看，很多人因工作场所发生事故而患上疾病、受伤甚至死亡，并需要投入一定的时间用于康复。由此产生的经济费用也是一笔不小的数字。据推算，包括补偿、丧失的劳动时间、生产中断、训练和再训练、医疗费等在内的工伤经济费用大概占每年世界国内生产总值（GDP）的 4% 以上。再加上技术的自动化和高度化，还出现了新型灾难——系统灾难，人们越来越担心这种新型灾难会引发更大规模的灾难。对于正在越过第四次工业革命门槛的现代人来说，对于未来能否比过去更安全这一问题，似乎很难保持乐观的态度。

现在让我们正式了解一下人类灾难史吧。在漫长的历史中，我们将回溯和分析人类是如何认识和应对灾难的、为了避免灾难而做出了哪些努力、其中哪些努力是有成效的。特别是，在各个时代具有代表性的灾难中以及在克服灾难的过程中，人类究竟经历了什么？又学到了什么？即我们将从宏观角度回顾灾难是如何改变人类的。在此过程中，让我们吸取过去的经验，共同探讨该如何降低未来灾难发生的可能性。

图 4　海因里希·克莱（Heinrich Kley）《工程师的梦》（*Der Traum des Ingenieurs*），1913 年。人类能否克服灾难，通往安全的彼岸呢？

脆弱的“人”
强大的“人类”

人是脆弱的：会因为踩空楼梯受伤，会因为吃了变质的食物上吐下泻；当火灾来临时，人会因为吸入浓烟危在旦夕；也会因为一场来势汹汹的传染病，使成百上千的人命悬一线。

虽然人是脆弱的，然而人类却是强大的。追溯历史，我们会发现，即使人类曾面临着身体、精神、物质层面的种种折磨与考验，仍能做到坚韧不屈，最终屹立在历史潮头。为了防止受伤与预防疾病，人类大力发展医疗技术；为了预防火灾，人类建造防火墙并训练出了一批消防员；为了防治传染病，人类研究出了疫苗与药物。除此之外，人类还通过利用各种储藏设施、互助制度、社会福利体系、救济制度、心理咨询、宗教、保险制度等手段，使身心有所安放。由此可见，人类果真是强大的。更确切地说，人类在克服灾难的过程中，不断成长，变得愈发坚韧。

本书回顾了人类的灾难史，讲述了人类是如何在灾难中百炼成钢，浴火新生。以及为了实现世界的和平稳定，人类又该何去何从。

在以灾难这种极端状况作为主题进行写作时，我认为在以下方面，均衡感尤为重要。

第一，情感均衡感。即不能过于感性或者麻木地看待灾难。因为尽管所有的灾难都令人惋惜，但是，如果过度沉溺于这种悲伤当中，则会妨碍我们进行客观的分析；反之，如果仅以规模来衡量灾难大小，我们会非常容易忽略一点：人类具有主观能动性，我们能够利用自身的知识并建立起相应的计划与灾难拼命抗争。因此，如果人类麻木地看待灾难，即便有时候能做到换位思考，也会立刻调整为“客观模式”，从而与灾难保持距离。

第二，学问领域均衡感。以往的书籍大多从某一固定的视角来分析灾难的特定面貌。而本书则从与灾难相关的神话、信仰、文学等人文领域，救助政策、产灾立法、互助体系等社会科学领域，地质、地球构造、气候等自然科学领域，传染病、治疗方法、预防方法等医学领域来综合讨论灾难。换句话说，本书兼顾人文社科，从综合的角度对灾难进行了讨论。此外，在书中，我还对同一时代的可参考图像资料进行了详尽的介绍，因此，从某种程度上来讲，艺术领域也被囊括其中。

第三，世界均衡感。虽然小规模传染病的影响不可小觑，但是传染病的起因，以及何时转变为大规模流行病这些问题亦不容忽视；反之，不同地区之间对待大规模流行病的差异也是非常重要的，因此，我更倾向于对地区和世界同时进行讨论，并借此在普遍性和特殊性之间寻找均衡点。

第四，历史均衡感。如若脱离历史的脉络，灾难便不过是在时间的轮回下反复发生的事件而已。然而，不同的灾难由于其时代以及地域差异性，也会相应体现出不同的特征。在中世纪时期，黑死病以东西方贸易交流为传播渠道，在欧洲大肆猖獗。同样地，在大航海时代、启蒙主义时代、世界化时代，皆发生了反映其时代特征的灾难，因此，将时代和灾难相互连接进行分析才是本书的重点所在。

本书中，我们将着眼于两千年的人类历史，来追溯人类是如何经历灾难，逐渐理解并克服灾难的。我将为诸位介绍：各个时代具有代表性的灾难、人类在灾难史中经历了怎样的挫折误判和试错、人类如何理解所经历的灾难并找到解决方案、如今困扰人类的灾难又是什么。

本书大致分为三部。第一部主要讨论了古代和中世纪时期的自然灾难。我会为大家着重介绍庞贝火山喷发、黑死病、大航海时代的疾病、小冰河期严寒、里斯本地震等事件。第二部主要介绍近代社会所发生的人为性灾难。我将会顺着工业革命、大分流、世界化、技术进步这一历史发展脉络，对煤炭灾害、交通事故、爱尔兰土豆饥荒、霍乱病、化学物质事故等灾难进行说明。第三部将介绍具有明显现代化属性的系统灾难，对此，我将依次介绍世界气候巨变、多元化网络所导致的系统灾害以及新冠疫情所带来的灾难。

在新型冠状病毒暴发之前的 2018 年，我便有意写这样一本书。在之前我曾写过关于英国劳动者发生人身事故的历史类书籍，而本书将进一步摆脱时间和空间的束缚，广泛讲述人类历史和灾难。幸运的是，本书恰好被韩国研究财团 2018 年著述出版支援项目选中，得到了研究经费支持。

在整理书内容时的 2021 年末，我收到了向 Naver“优质文创内容”投稿的邀请。得益于此，在较短的时间内，我在《宋炳建教授的经济史故事》一书中向读者们介绍了十多个有关灾难的故事。多亏了以上两个机构，我才得以顺利完成此书，并与更多的读者见面。

得益于智慧屋出版社（Wisdom House）丰富的编辑和出版经验，整个出版过程得以顺利进行。特别是得益于申敏熙（音译）编辑专业的能力，使我受益良多，在此表达谢意。

最后，我想将这本书献给我的母亲。我的母亲战胜了养育四个儿子的“灾难”。她是一位真正坚强、优秀、活得堂堂正正的女士。

明伦洞

宋炳建

目录

正式阅读本书之前
正确理解灾难的态度

第一部
不可抗拒的自然力量：自然灾难的时代

第二部
人类酿成的惨案：人为灾难的时代

正式阅读

本书之前

正确理解灾难的态度

◆

◆

“没有任何人听我们说话！

没有人听科学家和医生的话，

他们将科学和医学与政治混为一谈，

他们真的这么做了！”

——

斯韦特兰娜·阿列克谢耶维奇

（Svetlana　Alexievich）

《切尔诺贝利的悲鸣》

历史上那些
难以控制的大灾难

人类历史是一部灾难的史诗。大多数重大的灾难都是由人类难以控制的自然力量引起的。实际上，我们很难准确地弄清楚历史上曾发生了多少自然灾害。特别是近代以前发生的自然灾害，很多已经难以找到准确的记载。

在各种自然灾害中，地震引发的灾害数量位居前列。继地震之后，印度洋地区的低气压热带气旋也曾给当地的人们造成了巨大灾难。在孟加拉国和印度还发生过超大型热带风暴，造成数十万人丧生。

然而，这仅仅是排除世界性传染病后的死亡人数统计。传染病才是夺走人类生命的自然灾害中最大的元凶。中世纪的黑死病和20世纪初的西班牙大流感分别造成了至少数千万人的人员伤亡。例如，在大航海时代初期，西班牙征服者带来的传染病在美洲肆虐，无数人因此失去了生命。

以上仅包含自然灾难及其带来的损失，并未将人为因素包含在内。发生巨大的自然灾害后，必然会对经济和社会的基础造成巨大的打击。耕地被毁、劳动力不足、粮食歉收……在这种环境下发生饥荒的事例比比皆是。

比起地震或洪水，饥荒往往会造成更多的人员伤亡。回顾历史，世界十大饥荒无一例外都造成了至少500万人丧命。在发生传染病和饥荒的情况下，如果再加上战争、内战或经济危机的话，那么损失规模将呈几何式增长。因此，如果将自然灾害带来的全部损失包含在内，这一数字将远远超出我们的想象。

区分灾难的三个准则

以上发生的历史灾难基本上是由自然力量引起的。我们可以将其归为自然灾害的范畴。但是，并不是只有重大灾难才算得上是自然灾害。对于现代人来说，大大小小的各种灾难均属于自然灾害。例如，地震、火山爆发、山体滑坡、海啸、风灾、暴雨、洪水、干旱、严寒、酷暑、暴雪、冰雹、雷击、风暴、台风和龙卷风等，我们可以发现灾难的种类是如此繁多，难以一一罗列。以上列举的灾难大多由地质或气候变化引起。在灾难应对能力大幅提高的今天，给人类带来损失的灾难中，多数是由自然力量引起的。这说明人类应对灾难的能力还远远不够。

相反，有些灾难是由人类的错误引起的，这一类灾难被称为人为灾难。例如，个人疏忽、未能正确使用工具以及与其他人同处于一个作业空间的情况下，在使用设备的过程中发生意外事故等。纵观历史，特别是工业革命以后，随着世界各地不断扩建工厂并扩大生产设施规模，这种人为灾难也随之增加。此外，随着需要与其他领域的劳动者一起工作的状况增加，还出现了过去没有的新型灾难。即使个人没有犯特别的错误，由于他人的工作错误或工作空间的结构性问题导致事故发生的可能性正不断增加。

工伤可谓是最具有代表性的人为灾害，以上提到的发生意外事故的原因堪称工伤最重要的特征。在工业化时代，技术的发展会衍生出新型的产业灾害。操作着对运作原理尚不熟悉的机器、使用新材料的工程、开发过去不存在的化学物质等。在此过程中，劳动者不可避免地面临工伤的危险。因此，为了有效地防止工伤的发生，仅凭劳动者的努力是不够的，我们还需要确保设备的安全并展开相关的安全教育。

当今的技术不仅具有进步速度快这一特征，还具有无需人类直接对技术进行控制，交由自动化体系负责的另一个特征。自动化不仅仅意味着计算机性能的提高。更重要的是能将电脑与其他事物连接起来，通过网络控制对现实的事物产生影响。这被称为信息物理系统。信息物理系统是第三次工业革命首次创造的技术，同时也是第四次工业革命的核心基础。第四次工业革命的代表性特点是智能化和超连接化，两者都意味着不同的事物不仅要与电脑进行连接，

图 0-1　围绕地球轨道运转的 GPS 卫星概念图 ©NASA

还要通过多种渠道彼此紧密连接。光学相机、传感器、超声波、红外线等便起到这样的作用，快速稳定的通信网保障彼此之间的相互沟通。当然，人与人、人与事物之间也是相互连接的。例如，手机就是通过各种应用程序和社交软件实现实时连接的必要装备。

如今，现代技术体系正处于第四次工业革命初期，具有不同领域之间的技术以多种方式结合这一特征。例如，我们已经向过去使用电线和电话线进行沟通的时代挥手告别，在多种网络相互连接的状态下生活。我们通过互联网、地面波、无线通信网、全球定位系统（GPS）等多种通信手段与其他人进行沟通，并且通过这些通信手段将生活与学校、企业、公共机关、政府相连接。交通工具亦是如此，公交车、出租车、地铁、火车、飞机、船舶等交通工具并不是各自运行，而是通过多种通信网紧密相连。当我们需要乘坐地铁并换乘公交车去往目的地的时候、租借共享单车的时候、肚子饿点外卖的时候、节假日回老家预订高铁或机票的时候，如果没有网络，我们将寸步难行。

在这种社会模式下，灾难一旦发生，必然会体现出系统性特征。

不如试想一下，如果一周内无法使用任何通信手段的话，我们的生活会怎么样？大概会令人抓狂吧？由此可知，系统灾难作为一种新型灾难，与自然灾害或人为灾难的性质是大不相同的。

即使是今天
也无法避免的灾难

即使经过了长时间的技术进步与经济发展，生活在现代社会的我们，仍然生活在灾难中。甚至有人认为，相比过去，现在人类面临的潜在危险反而增加了。接下来，我将为大家解释出现这种主张的依据。

第一，相比于之前，现代社会的人口和人口密度大幅度增加。随着产业规模的快速增长，产业密集度得到了大幅度提高。因此，发生灾难的可能性以及灾难造成的损失也随之增大。

第二，有人指出，随着产业内及产业间的分工和融合不断加快，不同种类的新技术和旧技术将在未来的一段时间内共存，出现无法完全融合的现象。这种不完全性将增加灾难的潜在危险。

第三，随着技术的发展，过去不存在的新化学物质将不断出现。据悉，目前全世界约存在着 1.15 亿种化学物质，并且每年以 170 多万的速度增加。然而，依靠现有的水平，我们无法对新化学物质所具有的危险性及时地做出知识层面的补充，以至于在发生紧急情况时，常常难以做出充足的准备。

第四，由于各种因素，不同的人所面临的危险的程度也是不同的。例如，根据相关的工伤研究数据显示，并非所有的劳动者都处于相同灾难系数的工作环境中。一般来说，正式职工、工会工人、全职劳动者、承包企业劳动者、本国劳动者和公共机关劳动者在灾害系数相对较低的环境下工作。与此形成鲜明对比的是，在非正式职工和特殊雇用职工、手工业劳动者、兼职劳动者、外包企业劳动者、移民劳动者、非公共机关工作的劳动者更容易发生事故和患上职业病。相比于前者，社会对后者的关心是不足的。由此可知，国家为后者制定的安全政策显然存在着薄弱的环节。

第五，灾难不仅受到技术、经济因素的影响，还与社会结构和雇用方式有关。现代社会下的劳动市场受新自由主义环境的影响，具有更加灵活的特性。因此，这意味着灾难的潜在危险性更高。在雇用和解雇更加容易实现的劳动环境下，劳动者群体的凝聚力较弱，工会的执行力也必然是不足的。因此，在要求安全的劳动条件以及引进防灾设备和制度等方面，劳动者很难拥有话语权。

第六，在现代社会下，我们无时无刻不与其他文化圈的人保持着紧密的交流。在全球化时代，思维方式和生活方式各异，教育背景和制度不同的人不可避免地会相遇并发生摩擦。在这种多文化交织的情况下，人们很有可能会因为对彼此理解不充分而触发灾难。

如此看来，在克服灾难、实现安全社会的路上，人类似乎仍旧任重道远。观察不同的时期，我们会发现，与其说是灾难总量有所改变，不如说是在不同时代下，具有不同特性的灾难占据了主导地位。例如，在工业化之前，大部分灾难属于自然灾难，在 19—20 世纪发生的工伤等则属于人工灾难，而如今发生的灾难则逐渐呈现出系统性特征。在不同的时代出现的灾难具备单一化的特征，因此在特定的时代背景下，解释具有复杂属性的灾难恐怕过于单薄。但是，从长远来看，我们可以借此掌握灾难的趋势并理解各时代下灾难的特点。

图 0-2 随着技术的不断发展，越来越多的劳动者在工作时不得不接触新出现的有害物质

在正式进入讨论之前，首先让我们进一步了解一下灾难的概念以及实际灾难和人们所认识的灾难的关系。

灾害，灾难，灾殃

我们经常混淆一些关于灾难的概念。实际上，在很多情况下，我们很难对这些概念进行明确地划分。例如，学者们试图将火山、地震、洪水、干旱等自然因素归为一类，对类似的概念进行明确区分。

首先，灾害是指“造成人员伤亡或财产损失的事态”。台风本身并不是灾害，而是台风登陆人类活动的区域并造成损失后才能称之为灾害。其次，灾难是指“在一定的时间和地点发生的灾害”。一般将10人以上死亡、100人以上受伤，国家宣布进入紧急状态并开展大规模救援活动的情况称为灾难。最后，灾殃是指强度级别极高的灾难。也就是说，灾后重建需要花费许多金钱和时间的灾难就是灾殃。回顾历史，曾猖獗一时的中世纪黑死病、19世纪的霍乱、20世纪初的西班牙流感等超大型传染病或足以彻底摧毁一个地区根基的地震和大洪水便属于灾殃。进入现代社会后，2004年在印度尼西亚发生的造成20多万人死亡的海啸、2019年暴发并在世界范围内传播的新型冠状病毒等也都属于灾殃的范畴。

值得注意的是，韩国通用的官方定义与上述概念存在一定的差异。灾害是指在外力作用下，对人类社会生活、生命和财产造成的损失。灾难被定义为“诱发灾害的原因”。并且，将灾害分为自然灾害和人为灾害。即，灾害是对人类的生存和健康及财产造成的损失，而灾难是灾害发生的原因。但是，以上对灾害和灾难的区分标准仅仅是根据语言意义的差异来区分。这与我们在日常生活中常常使用的语言习惯仍有一定的距离。因此，这本书中，比起根据定义的不同对灾害、灾难和灾殃进行划分，本人将根据事故和损失的规模进行分类。

那么，这种区分方法是否适用于自然惨祸范围外的人为惨祸呢？虽然对以自然惨祸为标准制定的区分法进行补充与延伸，对概念的整理有一定帮助，但是却很难将这种概念普遍化。例如，有些事故虽然没有造成严重的人员伤亡，但是财产损失却不可估量。试想一下，在现代大城市如果发生大规模的停电事故或通信线路瘫痪，在这种情况下，虽然不会导致人员的伤亡，但是无疑会使很多人的经济活动受到影响。因此，从整体上看，这仍然会造成巨大的社会损

图 0-3 用于大规模虐杀的奥斯维辛火化炉
©Marcin Bialek

失。那么，我们应把这种事故称为灾害，还是灾难抑或灾殃呢？这似乎有些模棱两可，考虑到这一点，本书没有严格区分灾害、灾难和灾殃，而是选择了通用。例如，“工伤”不仅包括在工作现场发生的小规模事故，还包括更大规模的惨案。因此，在本书中，除了需要特别区分的用语以外，为了方便起见，之后的章节将统一使用“灾难”一词。

别说是灾害或灾难，有时，人类的一些行为甚至会造成比灾殃等级的自然灾害更加严重的损失。试想一下，造成数千万人死亡的两次世界大战、数百万人死亡的独裁者的暴政、残忍至极的轰炸、种族清洗、核武器的使用……这些无一例外都会带来巨大的损失。但是，战争和内乱与其他种类的灾殃相比，属性差异甚大，因此很难在这本书中作出具体描述，经济大萧条等经济危机也是如此。因此，本书将不对以上内容进行讨论。

灾难的观念从何而来？

灾难的发生是客观性的。即，在一定的时间发生的自然灾害、在工作时发生的灾害、社会基础设施的事故等。无论是谁，灾难发生时，看到的都是同样的场景。不过值得注意的是，虽然灾难是现实中发生的客观、确实存在的现象。但是，人们看待灾难的观念并非如此。根据文化圈或国家的不同，人们看待灾难的标准存在很大的差异。即使处于同一文化圈或国家，不同的人之间，理解灾难时的思考框架和对灾难的担忧程度也是不同的。

这就是为何我们需要区分灾难和灾难观念。人们把灾难当作客观实际存在的现象的同时，却互相持有不同的灾难观念。那么，造成个人对灾难观念产生分歧的因素是什么呢？据研究“危险”的学者的分析显示，造成对“危险认识”发生分歧的代表性的要素有可控性、便利性、自发性、公平性、理解度、不确定性、个人关联性和灾殃的可能性等。也就是说，个人越是觉得自己能够控制局面，就越倾向于积极接受风险。越是能带来实实在在的便利、越是源于人们自发性的参与、越是能对更多人产生公平的影响、越是熟悉某种危险并且易于理解，人们对危险的接受度就越高。与此形成鲜明对比的是，如果产生危险的原因是源于某人的失误，或者这种危险极易演变成灾殃的话，通常人们对危险的接受度就会下降。

该分析同样适用于灾难观念。人们对灾难的认识并不只遵循客观分析的方式。在很多情况下，直觉或内心感受反而起着重要的作用。经验性的判断和情绪反应对灾难观念形成的影响并不亚于理性分析所占据的地位。在理性分析和心理情感中，谁对灾难观念更有决定性影响，学者们众说纷纭。但是，对于理性分析和情感之间可能存在很大的偏差这一看法，双方却是持有共同意见的。

例如，通常人们对灾难的规模十分敏感，但是却很少关注灾难发生的概率。核电站发生事故的可能性这一论题就是非常典型的事例。如果核电站发生事故，人们比起因核电站发生灾难的概率，更关注灾难的规模。此外，有一项研究结果十分耐人寻味。即比起通过语言直接向人们强调灾难的危险性，以比率的形式提出，往往会带给人们更强烈的情感冲击。也就是说，比起“很多居民受伤”，“89% 的居民受伤”的说法更让人印象深刻。

如果人们事先带有灾难观念，做出有关灾难的决策时，各种偏见可能会起到干扰作用。首先，正如上面所提到的，情感的介入常常会导致偏见的发生。但是，除此以外，导致偏见发生的因素还有许多。例如，对科学知识和特定技术的过度信任以及对人类失误的考虑不周，都会导致偏见。

如果我们常常听到媒体报道某种灾难，那么在我们的心中，就会不自觉地夸大这种灾难的严重性，这便是一种偏见。此外，我们还存在着过于信任对未来的预测以及低估潜在的不确定性等偏见。一般情况下，普通人虽然比专家更容易产生各种偏见。但是也存在着专家因为专注于自己研究的特定领域，以至于产生对其他领域的偏见。

实际灾难
与灾难观念的偏差

请大家思考一下“韩国是安全的国家吗？”这一问题。我想，对此大家可能会对此持有不同的看法。

持有极其消极看法的一方可能会提出以下根据。即使不把朝鲜半岛核问题纳入潜在的灾难之中，大大小小的火灾和海上事故、高居不下的交通事故发生频率、每天被媒体报道的各种施工现场事故、威胁人们健康的可吸入颗粒物和细颗粒物、周期性在人和家畜之间发生的传染病、无法妥善处理灾难的政府、对危险漠不关心的个人和企业……

但是，也有人对这一问题持有积极的看法。他们认为，首先，韩国发生火山喷发和大规模地震的危险系数非常低。虽然台风和暴风偶尔会袭击韩国，但是与周边国家相比，这些自然灾害发生的频率和强度较低。即使在盛夏，因自然起火发生山火的可能性也很低。虽然冬天偶尔会出现严寒和暴雪，但是并未造成巨大的损失。其次，在韩国，不用担心罪犯持枪问题，即使晚上在街道上行走，也不必过于担心治安问题。哪怕在治安环境有所欠缺的地区，也不会发生集体抢劫事件的现象……如此看来，韩国是世界上安全系数较高的国家。实际上，在相关的国际调查报告中，也能看到类似的评价。像这样，人们所认识的灾难与实际灾难有所出入的事例比比皆是。

甚至对于相同的灾难，人们对其强度和严重性的认识也是存在差异的。例如，对于现在的韩国人来说，雾霾属于非常严重的灾害。那么，现在的雾霾浓度是否比过去更严重呢？

下图显示了从 1995—2015 年 20 年间韩国主要城市可吸入颗粒物浓度的变化趋势。虽然各城市之间存在一定的偏差，但是整体上可以看出可吸入颗粒物浓度呈现出下降趋势。相比之下，随着时间的推移，人们对可吸入颗粒物的关心和担忧不断上升。天气预报中开始播报可吸入颗粒物浓度的相关数据、空气净化器的销售量增加、

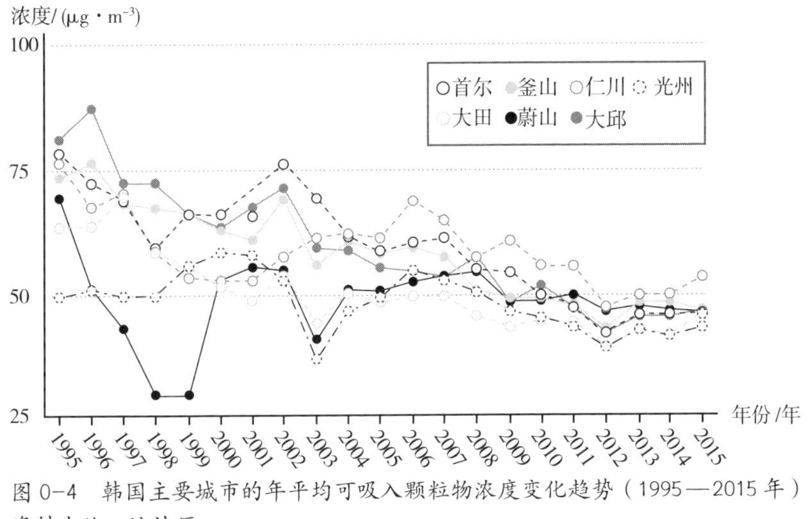

图 0-4 韩国主要城市的年平均可吸入颗粒物浓度变化趋势（1995—2015 年）
资料出处：统计厅

经常戴口罩的人数大幅度增加等便是佐证。

那么，为什么实际灾难和人们对灾难的观念会发生偏差呢?

第一，人们关心的领域不同导致了两者发生了偏差。例如，担心工伤的劳动者们会更关注工作时可能发生的事故和职业病；害怕漆黑夜晚的女性，则会更担心治安问题。有研究表明，比起已经熟悉的危险，人们常常会更关注新的危险。例如，比起风灾、水灾、交通事故，人们通常会更关心 MERS 和沉洞。

第二，不同于过去，随着人们越来越期待提高自身的生活水平，人们对舒适、安全生活的需求也越来越大。因此，人们更加积极地寻找预防灾难并将损失降到最低的方案。此外，人们对灾难相关知识的增加也是原因之一。相信灾难不可避免或灾难决定个人命运的人大幅度减少。反之，认为人类通过有意识的努力，可以预防灾难的人越来越多。

第三，越来越多的人认为，人类应从社会或国家层面预防和应对灾难。他们意识到，仅仅通过个人的努力，小心翼翼地避免灾害是不够的，自己所属的企业、社区以及国家应该积极解决灾害所带来的问题。例如，开发和普及防灾技术、制定有关灾害的保险制度并给予财政支援、划分和管理灾难地区、实施安全教育并培养专家、提供新危险要素相关信息、制定国家间灾难对策等。在现代社会，灾难已经不再是个人自行应对的问题，而是应由国家和社会出面寻找解决问题的办法。

通过媒体传播的灾难

媒体是现代人脑海中刻画灾难形象的重要渠道，电影这一媒体与灾难的适配性尤其高。电影具有很强的追求大众娱乐性的倾向，特别是灾难主题的电影通过视觉效果最大化，向人们展现绝境逢生的电影人物，因此备受观众们的青睐。正是因为具备这种属性，灾难电影比起如实地反映现实生活中的灾难，更多地发挥了电影所具有的想象力，有时还以戏剧性、不科学的方式展现出来。此外，电影能够真实地传达登场人物所经历的痛苦和冲击，观众很容易身临其境。因此，电影比其他任何媒体都更容易影响大众对灾难的认识。

在维基百科上搜索灾难电影的话，就能搜索到一长串的电影目录。其中还包含着非现实灾难题材的电影。具有代表性的电影有外星人题材（《异形》《科洛佛档案》《世界大战》），怪兽类题材（《哥斯拉》《宿主》《甜蜜家园》），吸血鬼类题材（《德古拉元年》《杀出一个黎明》《蝙蝠》），僵尸类题材（《惊变 28 天》《釜山行》《王国》）等。

纵使只列举现实中已经发生或今后有可能发生的灾难电影，仍然数不胜数。可以说，这些电影更加直接影响人们对灾害的认识。最具代表性的是 1997 年上映的大片——《泰坦尼克号》，该电影在全世界获得了超高的人气（迄今为止，仍占据世界电影票房第二位）。该片讲述了 1912 年顶级豪华客轮泰坦尼克号在首次航行中沉没的悲剧性事故。该片使无数人间接体验了海上灾难事故的惨烈情况。仅在韩国，影院观看人数就接近 43 万人。如果包括通过电视、DVD、OTT 等多种媒体观看电影的人数，观看人数将数不胜数，在观看电影时，人们感同身受地在脑海中描绘海上灾难的情景。

除了《泰坦尼克号》之外，还有很多电影通过刻画各种灾难，使观众代入其中。《龙卷风》（1996）和《不惧风暴》（2014）以龙卷风灾难为素材，《活火熔城》（1997）和《庞贝末日》（2014）以火山灾难为题材。《天地大冲撞》（1998）和《世界末日》（1998）以小行星撞地球为题材，《唐山大地震》（2010）和《末日崩塌》（2015）以地震为题材。此外，以海啸为题材创作的韩国电影《海云台》（2009）创下了超过观影人数达 1 100 万名的纪录，《摩天楼》（2012）、《流感》（2013）、《隧道》（2016）、《潘多拉》（2017）、《极限逃生》

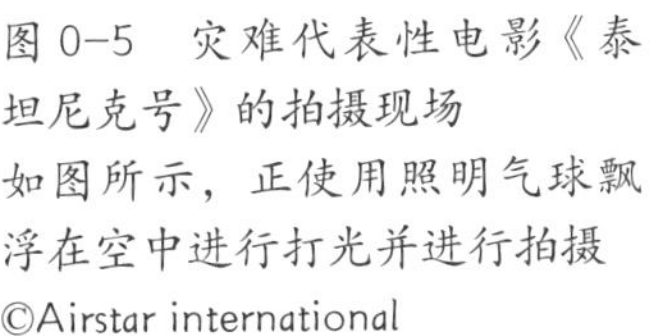

图 0-5　灾难代表性电影《泰坦尼克号》的拍摄现场
如图所示，正使用照明气球飘浮在空中进行打光并进行拍摄
©Airstar international

（2019）分别讲述了火灾、病毒、坍塌事故、核电站爆炸、化学物质等灾害。不仅如此，以生命工学变异、大气污染、放射性物质、气候反常、人工智能等为素材的众多灾难电影在国内外也引起了人们的关注。

灾难电影片数和观看灾难电影的观众人数越多，灾难电影在视觉上带来的冲击力越强，人们对灾难的认识就越强烈。在虚构和非虚构的界限变得模糊、现实和想象交织的电影中，和处于灾难中的主人公一起，观众们获得了生动的体验感。这无形中促进了人们对灾难这一观念的形成。

虽然人们通过收看电视或报纸报道的与灾难有关的新闻，不如观看电影来得震撼，但是不可否认的是，电视或报纸等媒介仍然会带来持续、累积的效果。另外，与电影不同的是，电视和报纸提供了更客观的灾难信息，因此更受人们信赖。例如，1979 年于美国三英里岛（Three Mile Island）发生的事故便生动地体现了新闻报道的影响力。当时，位于此处的核电站发生了泄漏事故，在众多新闻、时事节目和讨论节目的不断报道下，这一事故立刻传播开来，而不停地看到新闻报道的人们在与其他人的对话和信息交流中，再次受到冲击。实际上，虽然该事故中没有一人死亡，但是美国人的灾难观念却因此发生了巨大的变化，并导致美国对核能政策进行了大规模的调整。

如今，随着社交媒体的影响力不断扩大，与过去相比，灾难报道的波及效应已经扩大到了不可比拟的程度。社交媒体比官方新闻媒体更具刺激性、选择性，有时不准确的信息也可以快速地传播。人们甚至无暇顾及新闻是否属实，便会在极短的时间内通过社交媒体接收到灾难的信息和评价。此外，社交媒体在政派或社会、文化上具有同质性的群体之间形成阵营的倾向很强。因此，具有类似偏见的人很容易接受具有类似倾向的信息，并在群体内部不断加强。这是一种强化人们验证性偏见的所谓“回声室效应”的现象。比起心甘情愿地接受灾难的危险，人们更倾向于将责任转嫁给别人、草率地将其归咎于政策或者通过一些与灾难发生原因无甚关系的因素来说明灾难的危险。如此看来，比起新闻和电影这两种媒介，社交媒体歪曲灾难观念的危险性更大。

灾难促进人类进化

现在让我们重新回顾历史上的灾难吧。人类史与灾难史密不可分。从某种角度来看，说是人类在克服灾难的过程取得了进步也并非妄言。纵观世界史，我们便可以了解灾难是如何锻炼人类的。

人类在灵长类目中属于人亚族的分支。在人亚族进化过程中，首次出现人类可以双脚行走的时间点意义非凡，而这与自然灾害有着密不可分的关系。由于这场灾难持续的时间很长，所以与我们今天所说的一般性灾难有所差异。但是跳出时间的维度整体想象一下，就能发现许多与人类出现相关的因素。

首先，让我们来了解一下地球的结构。地球的外表面被称为地壳，我们可以将其比喻为易碎的薄壳。无论是在大陆还是在海底，地球的表面都是由地壳构成的。地壳分为多个板块，随着地壳下面的热而稠的地幔层移动，这些板块也在不断地随之移动。这种理论被称为板块构造学说，并为大多数科学家所接受。据此，不同的板块就会发生碰撞甚至发生地质学剧变。例如，频繁发生火山和地震等灾害的环太平洋带（所谓的“太平洋火圈”）就是代表性的板块边界。

被认为是最早的能够独立行走人亚族——南方古猿大约400万年前在东非出现。科学研究表明，从很早之前就开始发生的地质学剧变对初期人类的出现产生了巨大的影响。在过去的某个瞬间，大量的岩浆从地下涌出，地壳不断膨胀，原本平坦的森林地带发生了巨大的变化。在今天被称为东非裂谷的地区，随着熔岩喷出地表，受冷凝固形成了两侧的高山脉。这些山脉阻挡了潮湿的大洋空气进入该地区，因此空气变得十分干燥。此外，在太平洋地区，澳大利亚和新几内亚所属的地壳板块向北移动。温暖的南太平洋洋流无法向西流动，取而代之的是寒冷的北太平洋洋流流入印度洋。随着海水的蒸发量减少，东非的气候变得更加干燥。在这种剧变中，此前一直生活在树上的人亚族为了生存被迫到地面上生活。这就是双脚直立行走的人类的开端。

现代人，即人类的直接血缘祖先。大约于15万—20万年前在非洲出现，被称为智人。他们大约从6万—10万年前开始离开非洲大陆，并迁移到了其他地区。其中一个分支从中东向东移动到达东南亚，并在大约4万年前到达了澳大利亚。其中一部分从印度北部地区转向东亚方向，约2万年前穿过结冰的白令海峡，来到了北美洲大陆，此后的9 000年里，他们继续迁移并最终到达南美洲的南端。另外，智人的另一个分支从中东向北方迁移，到达了欧洲和中亚。

人类的早期历史始于为了生存而寻找食物、保护自己免受寒冷和猛兽侵害的活动。这些活动常常伴随着各种受伤和疾病的危险，这可以称为早期人类的灾难。由于早期人类的技术水平较低，因此对抗灾难的能力有限。当时绝大多数的灾难是由自然环境，特别是气候造成的。对于旧石器时期的人类来说，难以预料的寒冷和酷暑、

图 0-6　公元前 5 000 年前制作的埃及“野兽洞穴”壁画
体现了人类早期为了生存而与大自然碰撞的艰难过程
©Clemens Schmillen

洪水和干旱、突如其来的气候变化都是难以克服的灾难。此外，在狩猎和觅食的过程中，险峻的地形、野兽和毒虫的威胁等危险因素可谓是如影随形。与其他部族的冲突、制作武器和采集工具以及使用过程中发生的事故也是不可忽视的因素。综上所述，人类经历了无数次气候变化和地质学巨变等自然灾害与邻近部落的冲突，才将居住地扩大到整个地球。于是，经历难以计数的苦难和错误的人类开始逐渐理解并领悟灾难的特质，并学会了制定对策应对灾难。

古代和中世纪时期的灾难

新石器时代之后，人类开始了定居生活，并通过农耕和畜牧获得粮食。相比于狩猎和采集，生存的危险系数大大降低。这是因为人类无需再长途迁徙，并且防御猛兽也变得更加容易。不仅如此，房屋也建造地更加坚固，人们可以在更安全的环境下生活。然而，最近的研究表明，与旧石器时期的人类相比，新石器时期的人类每天的需要工作更长的时间，并且以更单调的饮食方式进食。因此，在健康方面，新石器时期人类的健康状况反而不如旧石器时期人类。虽然农业的发展确实使得人口基数有所扩大，但是这并不意味着个人生活质量一定会提高。

新石器时代的发展促进了文明的形成。文明是在使用青铜器的基础上发展起来的，随着时间的推移，人类又冶炼出了能够制造出更强大的工具和武器的铁。然而，金属的使用增加了灾害的危险性。主要体现为以下两个方面：第一，由于由金属制作成的工具十分尖锐，因此在使用该工具的过程中容易发生事故；第二，为了获得金属原料，需要开采矿山，这项作业同样增加了灾害的危险性。此外，随着金属被广泛用于生产活动，作物的产量有所提高，由此产生的盈余导致了社会等级的建立并促进了社会分工的发展。由此，占据着社会顶端地位的掌权者渴望建立神殿和宫殿，所以需要进行大规模的土木工程和建筑工程，而这种工程只能依赖众人合力的方式进行。但是，参与工程的人力不仅可能会因为自己的疏忽蒙受危险，还可能因为他人而发生事故。

随着横向分工的发展，工作开始出现作业专业化、工艺细化的趋势。制作玻璃、陶器、首饰等的劳动者在分工体系中反复进行特定的作业，并反复与职业相关的特定物质接触。因此，各职业特有的事故和职业病逐渐显现。

即使在中世纪社会，职业的分化仍在持续。城市建设、宗教设施建设、农耕、贸易等工作都隐藏着灾害的危险。例如，随着用于

图 0-7 中世纪欧洲人建造教堂的画面
工人们在不牢固的木板上利用滑轮进行作业，充满了危险

染色的明矾使用量增加，致病危险也随之增加；从亚洲经过伊斯兰传入欧洲的火药被广泛使用，爆炸事故的危险性也不断上升。为了共同应对这种危险，从事工商业的人们组成了同业公会，形成了互助体制。在欧洲，被称为基尔特（Guild）的同业公会起到了共同应对灾害危险的作用。在地方分权的中世纪欧洲社会，由于中央难以积极提供应对灾难的方案，所以个别主体会组成共同体组织以应对危险。

在权力集中度较高的亚洲各国中，国家指挥防灾事业，建立救济体系的情况较多。如果哪个地区发生灾害，国家就会启动相应的社会救助体系，帮助灾民接受治疗以及维持家人的生计。此外，一些带有宗教色彩的组织，也会向受灾者提供治疗。

近代发生的灾难

如果说中世纪社会是以封建、分权、宗教、农业为中心，那么紧随其后的近代初期社会则具有很强的国家公民、中央集权、世俗、重商主义属性。随着火药武器的发达，骑士阶级不再是社会的主轴，取而代之的是政府主导的常备军体系和巨额军费支出普遍化的时代到来。在军事革命的过程中，君主专制超越了分权体制，向国家公民的形态迈进，重组了国家体系。约翰·古腾堡（Johannes Gutenberg）发明的金属活字印刷术不仅方便了人们的文字阅读，还推动了宗教改革这一巨大的时代潮流。随着人类对科学思维及其合理性的信任不断提高，大众的思维方式和世界观也随之改变。此外，探险家开启的大航海时代，也使未知的世界陆续被纳入人类的知识范畴。

这一时期，人们对职业和疾病的关注度越来越高，特别是人们开始科学地理解和分析两者之间的关系。虽然在矿山工作的工人们受到了各界最多的关注，但是其他职业也同样面临着发生各种工伤的危险。由于机械尚未正式应用于作业现场，所以事故的规模并不大，也没有发生特别严重的人员伤亡，并未受到人们的广泛关注。但是，在人们普遍不关注灾害的情况下，事故和疾病却在不断发生。大部分是因为劳动者个人的疏忽、不熟练的操作技术而造成的。

在工业化时代到来之前，虽然人们仍然采用传统方式进行生产，但是生产规模和经济活动范围却在不断扩大。因此，发生灾害的可能性也随之增加。例如，相比于中世纪，道路环境虽然未有多大改善，路况仍然凹凸不平，但是在路面上行驶的马车数量却逐渐增

图 0-8　格奥尔格乌斯·阿格里科拉（Georgius Agricola），《论矿冶》（*De re metallica libri*），16 世纪。
本书探讨了矿山工人的职业病。图为德国矿物学家格奥尔格乌斯·阿格里科拉在书中描述的工人工作场景。图中工人们没有佩戴防护装备，正在危险地进行开采工作

加。随着乘坐交通工具出行的人、需要运送的财物和邮件等不断增多，道路受损也愈发严重。然而，在当时却无法预支足够的预算用来维修道路。随着工业化时代的正式到来，从开发新的道路铺设技术，到民间投资铺设新道路，再到政府拨款维修道路等一系列过程中，传统灾害仍不断发生。

工业社会的出现以及新型灾害的诞生

18 世纪，英国的工业革命宣告了新职业群的诞生。以棉纺织业为首，机械工业、煤炭工业、制铁工业等以史无前例的速度增长着，自此开始了向全世界传播工业化的进程。引入新的道路铺设技术、河流汇聚而成的运河、往返于河流和大海之间运送人和货物的蒸汽船，以及将动力和炼铁、土木工程技术相结合而铺成的铁

路……工业的快速发展加速了连接城市和城镇、地区和地区的交通网的更新换代。工业革命的核心在于以具有代表性的蒸汽机为新型生产动力，并通过引进该机器，将机器和劳动力置于一个场所，在工厂内进行作业。

由于工人不熟悉新的工作环境，遭受灾害的危险性也随之提高。自此之后，“工伤时代”正式登场。特别是到19世纪初期，人们对要安全地包裹好机器锋利的刀刃、齿轮、快速旋转的皮带等预防事故的观念可谓是微乎其微。这是因为在当时，要求雇主安装安全装置并不属于法律上的强制条款。

由于新的劳动条件出现、防灾设备不完善、监管不到位、安全意识不足、劳动时间过长、休息不足等，在新兴工厂地区发生的灾害层出不穷。其中不乏劳动者在工作中因遭遇事故手脚被切断、皮肤受伤的案例，更有甚者暂时或永久性地丧失了劳动能力。由于大部分发生的事故仍被认为是劳动者个人的责任，因此从雇主那里得到治疗费用或用于康复的补偿，基本上毫无指望。最终，患有工伤的劳动者不仅需要承担工伤带来的痛苦和各种费用，还可能带给家人经济层面的负担。遗憾的是，积极致力于减少工伤的雇主却是屈指可数的。在这种背景下，人们才逐渐形成工伤问题应该从社会层面寻求解决方案的共识。

工业社会以后
灾难的扩散

继英国工业革命之后，从19世纪后半期开始，西欧的许多国家陆续开始了工业化的步伐。法国、德国、美国、意大利等国争相推进工业化，日本成为唯一一个紧跟工业化潮流的亚洲国家。不同的是，英国以蒸汽机为主轴，发展纺织业和煤炭工业等核心产业。而后起国家则将电力作为新的动力源，以钢铁工业、机械工业、化学工业等重化学工业为中心，发展本国经济。

学者们将前者划分为第一次工业革命，后者划分为第二次工业革命。从灾害的角度来看，相比于第一次工业革命，第二次工业革命无论是横向分工还是纵向分工，工程结构都具有更加交错复杂的特性。所以在第二次工业革命以后，事故和职业病的发生概率大幅度上升。即使不是个人的失误，也有可能因他人的失误或工程之间的相互协调问题发生灾害。特别是，在大型重化工厂发生的灾害常常会酿成前所未有的惨剧。

20 世纪中期，随着电脑功能不断得到完善和价格下降，除了工厂和办公室，个人工作空间也配备了电脑。另外，网络的迅速普及使得电脑不再是各自独立的工具，而是相互紧密地连接，形成了庞大的网络。随着利用人造卫星和光通信的通信技术的飞速发展，通信速度也得到了显著的提高。另一方面，软件公司还开发了多种电脑软件，更加方便了电脑的使用。于是，在这种增效作用的加持下，信息化社会悄然登场。搭载性能良好的硬件和软件，通过网络与外部紧密连接的电脑系统不仅改变了企业和个人的行动方式，还改变了政府和金融机构运营的体系，并很大程度上促进了国家经济和国际经济的运作方式的转变。在信息可以快速、低成本地进行沟通的环境中，电算化和自动化扩散到了整个经济领域。

第三次工业革命也给劳动市场带来了重大的变化。随着生产、流通、金融所需的劳动力不断减少，甚至出现了“无雇用式经济增

图 0-9　约翰·巴尔（Johann Bahr），《机械厂事故》（*Unfall in einer Maschinenfabrik*），1889 年

图为在德国机械厂发生的事故现场。晕倒的患者正在接受治疗，而患者的家属们正处于震惊中，并向患者走去。其他工人们则在谈论发生事故的原因

长”的新现象。在经济增长达到一定程度的社会，雇用人数增加缓慢甚至出现减少的现象不断出现，灾害的属性也发生了很大变化。在个别企业和集团之中，超越产业的综合性灾害发生的可能性不断增大。计算机系统发生错误、攻击计算机安全的病毒等都有可能会使许多企业和产业遭受严重的负面影响。此外，黑客攻击也有可能引发史无前例的大规模事故。

在今天，人们对第四次工业革命的讨论可谓是非常火热。与前三次工业革命不同，虽然第四次工业革命还未正式开始，但是“名声”可以说是已经提前打响。第四次工业革命的本质是什么？是否有别于第三次工业革命？以哪个时间点为基准划分两次工业革

命……目前人们对此只进行了很多讨论，距离意见达成一致似乎还有一段距离。但是，即使存在着这样的局限，相较于之前，在第四次工业革命时代将成为人与事物的相互连接性得到飞跃性提高的超级连接社会。此外，以人工智能技术的发展为基础，人工智能将会取代以往专家的大部分工作的这一未来猜想已被大多数人所接受。

此外，还有人预测，未来还将出现多种产业要素混合在一起，形成新的融合性技术体系和经济结构。具体来说的话，物联网、无人驾驶汽车、3D 打印、机器人工程、人工智能、元宇宙、生命工程等将成为经济的主轴。从灾难的角度来看，第三次工业革命期间已经开始暴露的连接网脆弱性问题将在第四次工业革命中成倍显现，并对人类造成威胁。在通信网、电网、水资源和天然气网、GPS 以及各种交通网几乎将所有事物紧密连接的时代，系统错误很可能成为引发灾难的核心原因。

图 0-10　贴有安全认证标识的电子设备

在进入 2000 年之际，很多人担心 Y2K（又名千年虫 millennium bug）会破坏主要电子计算机系统

确保人类安全的方法

没有人希望发生灾难。但是，在现实生活中完全阻止灾难的发生是不可能的。那么，为了应对灾难，我们应该做哪些准备呢？首先，我们应降低灾难发生的可能性，并在发生灾难时及时进行管理阻止灾难的扩散，事后查明灾难原因，减少灾难再次发生的可能性，为不可避免地遭受灾难的群体制定相应的补偿政策。

从技术层面来看，研发防灾设备并将其安装在作业空间是必不可少的。例如，在装有锋利的刀刃快速运转的机器的车间，可以通过安装保护装置或者干脆通过远程操纵机器来保护劳动者的安全。此外，可以在汽车上安装车道偏离预警系统，减少意外事故发生的可能性。

但是，仅通过技术手段无法完全防止灾害的发生。如果劳动者不能得到充分的休息，在过度劳累、领导施加压力、企业不能充分利用安全设备的情况下，劳动者很容易发生工伤。只有同时制定物理性防灾对策和人为性防灾对策，才能增强安全性。这也是我们迫切需要制定相关方案的原因。此外，从政府层面来讲，为了取得灾害防治效果，政府应该采取必要的预防措施，并制定相关规定对无视预防措施的个人和企业给予处罚。

政府对灾害防治的关心程度决定着规制的适当性和效率性。从历史上看，经历过经济发展和政治民主化的国家，常常会具有更先进的防灾规制。这是因为在这些国家，公民对灾害的担忧程度往往会影响舆论和政治，最终制度和惯例就会朝着提高公民安全的方向发展。此外，人们通过了解过去曾发生的灾害可以发现，如果国家不积极避免灾害的发生，则会产生巨大的灾后所需费用。如此一来，持续的经济和社会发展恐怕难以为继。

教育对于灾害的防治也是不可缺的一环。首先，个人应具有灾害预防意识。但是与此同时，个人也要正确理解工作场所、企业和经济基础设施水平所潜在的灾害危险性。其次，国家对灾害相关法令和制度的教育也是不可或缺的部分。劳动者应具备劳动标准法、产业安全保健法、工伤保险条例等灾害相关法律的基本知识。

事实上，不管怎么注意，我们也不能完全阻止灾难的发生。因此，在灾难不可避免的情况下，我们应该考虑如何最大限度地降低灾难造成的损失，并让受害者恢复健康。其中最重要的是必须具备社会安全网。从国家层面来看，如果某地区发生大规模的灾难，应将该地区划为灾难地区，并通过国家财政救助受害者和确保灾后重建。此外，农作物灾害保险或工伤保险等社会保险的作用也很重要。政府应该通过实行社会保险义务化以及出台补助金支援政策，降低灾难造成的损失并确保灾后重建的顺利进行。

像这样，灾难具有相互性和综合性，我们没有办法独善其身。即：只有别人安全，我才能安全；只有我安全，别人才能安全。归根结底，我们都应该一起实现安全。所谓没有灾难的、安全的社会并不是仅靠特定的人和团体的努力就能实现的。只有技术、法律、经济、教育、政府发挥各自领域的专业性，制定行之有效的对策，相互之间实现有机连接，才能远离灾难实现安全。

第一部

不可抗拒的自然力量：自然灾难的时代

1

摧毁城市的烈焰：火山喷发

◆
◆

危险地活着吧！

把你们的城市

建在维苏威火山边上！

——

弗里德里希·尼采

(Friedrich Nietzsche)

火焰和有毒气体喷涌而出的恐惧

从现在开始，我们将回顾过去 2 000 年间人类所经历的灾难史。通过观察过去与现在的人们看待灾难发生原因的差异，便可以知晓人类通过灾难史学到了什么。

如果想知道各时代的灾难是如何改变人类的，我们需要了解各种灾难的实例。让我们先从火山喷发讲起吧。

事实上，我们已经对火山喷发的威力有所耳闻了。迄今为止，地球上每年仍会发生 50—60 次火山喷发。居住在火山附近的人口多达 5 亿人。在 20 世纪，火山喷发造成的死亡人数达 10 万人。大部分发生在印度尼西亚、日本、墨西哥等活火山数量多、附近居民多的国家。那么，为什么这里的居民不搬到安全的地方，偏偏在活火山附近安顿下来呢？这是因为在不发生火山喷发的情况下，火山地带是非常适合人类居住的地方。其中，最重要的是火山地带的土壤吸水功能良好，土壤肥沃，适合种植农作物。此外，火山周边地区地形曲折，有利于防御外部势力的攻击。因此，许多人认为居住在火山附近的优点大于火山喷发带来的缺点，居住在这里是合理的选择。

在历史上，火山给人类留下了深刻的印象。喷出的火焰、流淌着红色的熔岩、将天空染成黑色的火山灰……火山喷发带给人们的视觉冲击比其他任何灾难都强烈。

下面，让我们简单了解一下历史上具有代表性的火山喷发事例。公元 79 年，位于意大利的维苏威（Vesuvius）火山喷发摧毁了当时罗马帝国的商业城市——庞贝城（Pompeii），并导致无数市民死亡。大约在 1 000 年前，长白山也曾发生过火山喷发，强烈的火山喷发导致火山口破裂，出现了直径达 5km 的破火山口，也就是今天的天池。这是当时地球上规模最大的火山喷发活动。1815 年在印度尼西亚发生的坦博拉（Tambora）火山喷发造成了约 1 万人死亡，随后发生的饥荒又导致约 8 万人被活活饿死。这次喷发产生了强烈的影响，甚至还引发了全球性的气候变化。坦博拉火山喷发后产生的火山灰扩散到地球上空，降低了地球气温，导致世界各地出现歉收和饥荒。坦博拉火山爆发后，进入平流层的二氧化硫微滴最近在地球的两极地区格陵兰岛和南极冰川中被发现，这令科学家们兴奋不已。1883 年印度尼西亚的喀拉喀托（Krakatau）火山喷发并引起了海啸。据估计，该火山喷发共造成 36 000 多人死亡。此外，1951 年位于巴布亚新几内亚的拉明顿（Remington）火山喷发，造成 6 000 余人丧生。

图 1–1 帕克·科沃德（Parker & Coward），石版画，1888 年。这幅画描绘了位于印度尼西亚的喀拉喀托火山爆发时的场景

在过去的 50 年里，火山喷发造成的损失也是相当惨重的。1985 年，位于哥伦比亚的鲁伊斯（Nevado del Ruiz）火山喷发，共造成 22 000 人死亡。2010 年，位于印度尼西亚的莫拉比（Merapi）火山喷发，并造成山顶坍塌，本次事故导致 300 多人死亡，32 万人被迫前往其他地区避难。同年，位于冰岛的艾雅法拉（Eyjafjallajökull）火山喷发。由于大量的火山灰蔓延到空气中，北欧和西欧的航线取消几个星期，造成了巨大的经济损失。此外，近几年被新闻播报的位于印度尼西亚巴厘岛的阿贡（Agung）火山曾在 1963 年喷发，当时造成了 1 000 多人死亡。随后阿贡火山又于 2017 年再次喷发，导致数百个航班被取消，机场关闭，数万名游客滞留当地。

火山喷发的原因——板块的运动

在众多的火山喷发事件中，我们将重点着墨于公元 79 年位于意大利的维苏威火山爆发。维苏威火山附近坐落着当时罗马帝国最繁荣的城市之一的庞贝城。瞬间爆发的维苏威火山造成了无数人员伤亡，后来这场巨大的灾难又通过各种文学作品和电影再现于世，进一步加深了人们对火山喷发危险性的认识。此后，“庞贝末日”成了地球上每次发生火山喷发时，反复被提及比较的标准。因此可见，维苏威火山喷发和庞贝城的灭亡值得我们深究其背后的意义。

那么，火山为什么会燃烧和喷发呢？为了弄清楚其根本原因，首先我们需要了解地球的结构和地壳变化的原理。

自然灾害是由多种原因引起的。其中，依靠自然力量发生的大部分超大型灾难基本上是由地球本身结构导致的。更确切地说，是由地球内部的力量和外部的太阳热引起的。

地球最内部由半径为 1 200km 的内地核构成，内地核呈固态。内地核外侧由外地核构成，厚度为 2 200km，外地核呈液态。外地核外部为地幔，厚度为 3 000km。在地幔中，热物质以巨大的规模引起对流现象。地幔的外面存在被称为地壳的岩石层，地幔和地壳之间存在着不连续面。正是由于在地幔和地壳的边界层之间发生的这种变化，才会导致许多大规模自然灾害的发生。

地壳是由几块缓慢移动的巨大板块组成。科学家认为，由于地壳下面的构造较为脆弱具有流动性，地幔具有对流作用，所以造成了板块的移动。20 世纪初，德国科学家阿尔弗雷德·魏格纳（Alfred Wegener）首次提出了板块构造学说这一定义。起初，他的理论在科

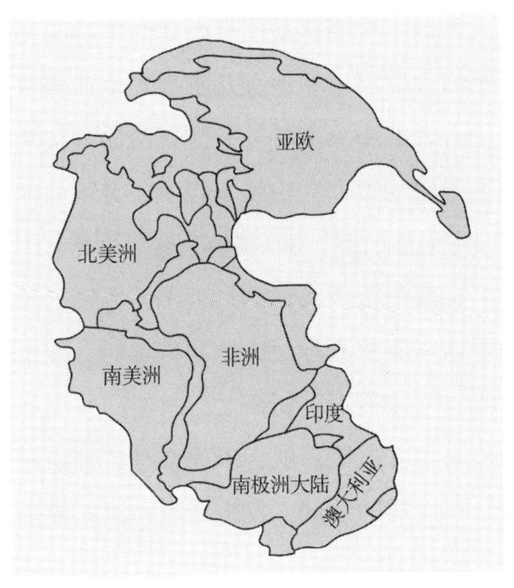

图 1-2　潘基亚大陆和今天大陆的位置

学界没有被广泛接受，随着科学家对地球结构的科学理解逐渐加深，才逐渐被大众所接受。

自地球诞生以来，板块便一直在移动。随着板块的移动，逐渐形成了如今大陆的位置以及山脉和大海的形态。地质学上“最近”发生的板块运动始于大约 1.8 亿年前。以前存在一个名为潘基亚（Pangaea）的超大陆。潘基亚一词源于希腊语，意为“所有土地”，是指从北极到南极地球上所有土地连在一起的单一大陆。但是随着海底扩张，超大陆被分割成几块大陆，并各自向不同的方向移动。从6 500万年前开始，分离的大陆开始具备与今天的大陆相似的形态。也就是说，如今人类赖以生存的由五大洋和六大洲组成的地球并不是从一开始就是固定的，而是经过 1.8 亿年的大陆移动后形成的。

那么，板块的移动会带来什么样的影响呢？在今天，板块的移动速度与人的头发或指甲生长速度类似，一年移动3—4cm。乍一看，移动速度似乎很慢。但是，这种持续性的移动速度带来的影响却是巨大的。科学家发现，大规模的火山喷发和地震几乎都发生在板块之间的边界上。位于大西洋中心处的中央海岭处，随着两侧的板块向相反方向移动，其边界处大规模地震、火山喷发频发。美国西部的圣安地列斯（San Andreas）断层位于板块相互移动摩擦的边界，因此发生大地震的危险性很大。在两个板块相遇的过程中，特别是当一个板块被推到另一个板块下面（研究者称之为俯冲带）时，发生火山活动的危险性极高。日本、阿拉斯加、新西兰、南美洲西部等就位于这一地带。如果两个板块相互碰撞，就会形成喜马拉雅山脉或西藏高原这样险峻的高地。在这样的地区，发生地震和泥石流的可能性很大。

如果岩浆喷涌到达地表造成火山喷发的话，会是什么场景呢?

图 1-3　图为 1984 年位于菲律宾的马荣（Mayon）火山喷发时产生的火山碎屑流
飞速倾泻的火山碎屑流会带来极大的火山灾害

火焰和火山灰将一起喷向天空，大大小小的火山碎屑流，即火山气体、火山灰、岩石等混杂物质以最高时速 400km 的速度向山下倾泻。熔岩和火山气体对人和周围生态系统会造成危害。不仅如此，大小不一的岩石碎片、火山引发的山体滑坡、洪水和火灾等还会引发二次灾害。如果火山在海边或海底爆发，还会引发海啸。巨大的海啸不仅会向沿海地区袭去，还会深入内陆，甚至给距离遥远的海岸造成巨大的损失。

维苏威火山喷发和庞贝古城的灭亡

如果问人们历史上最有名的火山喷发事件是什么？最多的回答就是维苏威火山喷发。庞贝古城作为意大利南部那不勒斯湾附近的港口城市以及贵族们的游乐场，曾经繁华无比。而维苏威火山的喷发不仅打破了其往日的繁华，还连同摧毁了附近的城市赫库兰尼姆城（Herculaneum）。庞贝古城深受罗马人的喜爱。罗马帝国的富裕阶层经常在海边建造别墅以俯瞰美丽的大海，而庞贝古城便是富人们的首选之地。在城市后面，坐落着高度超过 1 300 米的维苏威火山，与大海相映成趣，可谓锦上添花。人们认为，维苏威火山是罗马神话中工匠之神伏尔甘（Vulcanus）的家。但是，当时的人们显然没有料到这座火山不久之后就会喷发。这是因为，在当时距离维苏威火山上一次喷发，已经过去了 600 年。

维苏威火山是典型的复式火山，即两种或两种以上不同类型火山叠置复合而成的火山。维苏威火山以山顶为中心，火山灰和熔岩层层堆积成圆锥形。这种火山内部的熔岩黏性高，能很好地承受来自里面的压力。但是这也意味着一旦发生火山喷发就会产生更大规模的爆发能量。更根本的问题是，该复式火山位于两个板块的俯冲带部分，即：火山活动最活跃的地区。随着非洲大陆逐渐向欧洲大陆方向移动，阿尔卑斯山脉、比利牛斯山脉、亚平宁山脉不断被推高，地中海的底面被推入意大利半岛底部。随着地中海底面的堆积物不断被推入半岛下面并受到摩擦热的影响而熔化，造成火山内部温度升高。这也就是维苏威火山爆发的原因。

从发生大爆发的几天前开始，人们就陆续地感知到了几次小的震动。因为维苏威火山附近经常发生小规模的地震，所以几乎没有人察觉到那是火山喷发的前兆。然而，一场持续两天的火山喷发改

图 1–4 安德烈亚·曼特尼亚（Andrea Mantegna），《巴那斯山》（*Parnassus*），1497 年
图为掌管火的工匠之神伏尔甘

变了一切。据推测，在10月下旬的某一天，维苏威火山开始喷发。在最初的18个小时内，喷发速度缓慢，居民们有充分的逃生时间。但是，随着火山喷发逐渐变得剧烈，维苏威火山开始显现出巨大的爆发威力。火柱很快从火山口喷出并冲上天空，火山灰云直冲30km以上的上空，到达了平流层。火焰和熔岩、火山碎屑流和岩石碎片、火山灰和有毒气体将城市完全夷为了平地，瞬间无数市民失去了生命。

据推算，当时维苏威火山爆发产生的威力与二战时期美国向日本广岛投射的原子弹威力相当。此外，据最近的研究推测，死于火山喷发的庞贝古城市民中，比起因吸入火山灰窒息死亡，死于高温火焰的人更多。模拟数据显示，在距离火山口10km的地区，仍会受到高达250℃的火山碎屑流冲击。在持续15分钟的火山碎屑流冲击

图1–5　卡尔·布鲁洛夫（Karl Bryullov），《庞贝城的末日》（*The Last Day of Pompeii*），1830—1833年

下，大部分居民命丧于此，随后部分幸存的居民又因为吸入充满火山灰的空气而窒息死亡。当时，庞贝城和赫库兰尼姆城的市民约有 2 万人。虽然具体的死亡数字早已无法统计，但是在本次事故中，至少有 1 500 人死亡。

此后很长一段时间里，庞贝城一直被人们认为是一座传说中的埋没在火山灰下的城市。然而，在 1748 年，一位农夫偶然在维苏威山发现了长铁片。经历史学家考证，确认这是罗马时代人们所使用的水管的部分碎片。以此为契机，考古学者正式开始了挖掘工作。1755 年，德国考古学家约翰·温克尔曼（Johann Winckelmann）发现该遗址正是消失的庞贝古城。

到今天为止，考古学者们已经进行了多次挖掘工作。平均厚度达 6m 的火山灰给发掘工作造成了巨大的不便，但是也正是得益于火山灰，才能使灾难前的城市面貌得以完好地保存下来。随着挖掘工作的不断进行，这场让华丽的商业城市在一夜之间成为废墟的大灾难出现在世人面前。

再现庞贝古城的方法

由于维苏威火山喷发致使庞贝城顷刻消失的事件非常戏剧化，众多画家纷纷发挥自己的想象力，对灾难场景进行再创作。德国画家迈克尔·伍特克（Michael Wutky）便是其中之一。图 1–6 的画作描绘了维苏威火山喷发的场景，火山灰覆盖了天空。大量的熔岩从火山口倾泻而下，向四方蔓延。在画作下方，有几个人爬上远处的岩石，哀痛地注视着火山喷发的场面。

除此之外，描绘维苏威火山喷发的作品还有许多。图 1–7 的作品出自英国画家约翰 · 马丁（John Martin）之手，和上一幅画作一样，画面整体呈黑红色，火山喷发后的世界一片混沌甚至难以分辨天地。位于火山下方的庞贝城已经被火山的热流、炽热的空气和从天而降的火山灰所笼罩。火柱从火山口向上喷涌，从山顶向四面八方扩散。这与当时目睹火山爆发的盖尤斯 · 普林尼 · 采西利尤斯 · 塞孔都栯（Gaius Plinius Caecilius Secundus）在日记中描述的场景一致。他写道，喷出的火焰就像“松树”一样。巨大的熔岩向天空喷涌着，像松树的树枝一样向四周散去。

比起伍特克的画，约翰 · 马丁画作中的登场人物被刻画得更加逼真。在约翰 · 马丁画作中，人们乘船逃往邻近的海岸，正在拼命地逃亡中。仔细看，还有好几艘船在浅海上漂浮着。身穿盔甲的军

图 1–6　迈克尔 · 伍特克，《维苏威火山的熔岩》（*Vesuvius lava*），18 世纪 80 年代

人在岸边搀扶着疲惫不堪的百姓，正寻找躲避灾难的地方。

这幅画创作于 19 世纪，画中的惨状让我们心痛不已。我们不禁担忧，这些灾民是否安然无恙了呢？在失去亲人和财产后，能否回到平静的生活？无论何时，描写灾难的作品都会令人无比沉重。

此外，也有脱离画家的想象，直接展现灾难惨状的证据。图 1-8 中的化石，是这场灾难中丧命的百姓形成的化石。迄今为止，共发现了有 1 044 个化石，昭示着庞贝末日的恐怖。这些人体化石生动地再现了当时人们死亡前的凄惨场景。有的蜷缩着身体、有的伸出手挣扎、有些人因为窒息而捂住了嘴，还有将孩子抱在怀里的母亲……在紧急的情况下，这些来不及尖叫就失去了生命的瞬间充满了戏剧性。

被发现的化石中也有很多当时饲养的像小狗一样可爱的小动物。

图 1-7　约翰·马丁，《庞贝和赫库兰尼姆的毁灭》（*The Destruction of Pompeii and Herculaneum*），1821 年

如今，每年访问庞贝古城的访客人流量达500万人，其中相当一部分人是为了“触摸”这次灾难的历史痕迹而来到博物馆。游客们看到博物馆里已经凝固了的人和小狗的化石，不禁对遭受灾害的人感到心痛，驻足停留。

图 1-8　图为因火山喷发后，被定格在生命最后一瞬间的庞贝市民的化石 ©Lancevortex

然而实际上，这些化石并不是严格意义上的“化石”。即生命体没有像石头一样凝固。在庞贝古城挖掘工作进行得如火如荼时，专心于挖掘的考古学家们在厚厚的灰烬中发现了许多小洞。感到好奇的挖掘者们向洞里倒入了石膏。等到石膏凝固并清理好灰烬后，人们发现，这些“化石”正好是上述各种姿势的人和动物的形态。那么，这些化石是如何形成的？最初，埋在火山灰中的尸体会随着时间的推移而凝固。而后，随着尸体的腐烂，尸体所在的位置就会变成空壳。这就是废墟下被掩埋的真相。这些通过石膏制成的“化石”正是在大灾难面前，人们被绝望包围的证据。

最近，对于“弯曲着的人体化石说明死者当时遭受了巨大的痛苦”这一说法，学者们进行了反驳。据推测，遇难者可能是在巨大的热浪中当场死亡的。而且，人们死亡后在高温的作用下，尸体会因为收缩而弯曲。不知道这个解释能带给人们多少安慰。

是神的惩罚？还是地球的变动？

那么，当时罗马帝国的人们是如何看待庞贝城灭亡的呢？对于对地球的结构和地质学还未形成科学性认识的古代人来说，更倾向于将这场灾难与神联系起来。也就是说，他们认为是因为掌管火的工匠之神伏尔甘发怒才引发了这场灾难。实际上，罗马人为了安抚伏尔甘，每年都会精心准备祭祀。每年 8 月下旬，很多市民以举办火神节的名义聚集在一起，将精心准备的祭品献给伏尔甘，并举行盛大的活动。公元 79 年，在火神节前后，罗马发生了小规模的地震。罗马人认为，这是伏尔甘为了惩罚那些对祭祀不以为然、沉迷于享乐而丧失道德心的人，才点燃了维苏威火山。将火山与伏尔甘神关联起来的解释早在古希腊时代就已经出现。在古希腊神话中，赫菲斯托斯神（ Hephaistos ）相当于罗马神话中的伏尔甘神。相传赫菲斯托斯在火山下为宙斯制造武器。

随着多神教的罗马帝国灭亡，在信奉一神教——基督教的中世纪，对于维苏威火山的喷发原因，出现了新的解释。距离维苏威火山爆发 9 年前，罗马帝国军队曾占领并对耶路撒冷进行了掠夺。在距离火山喷发两个月前，主导这一军事行动的将军提图斯（Titus）即位为皇帝。基督教认为，维苏威火山爆发是愤怒的上帝下达的惩罚。这不禁让人想起基督教的故事，索多玛和蛾摩拉这两座罪恶之城因为善良的人不复存在，被上帝投以硫黄之火，顷刻间化为灰烬。随着中世纪时期基督教教理的进一步完善，还出现了对人类原罪这一新的解释。然而，不管是什么解释，显而易见的是，过去人们对自然灾害的认知与现代人相去甚远。

与神的意志无关，在中世纪后，人们试图从其他的角度解读火山爆发的原因。“庞贝末日”并非上天的惩罚这一想法渐渐传播。特别是在 17 世纪，科学革命的代表人物提出了许多理论。法国哲学家勒内·笛卡尔（René Descartes）提出了一种现在看来很奇怪的主张，他认为，上帝在创造地球时，将地球从上至下分为了空气、水、火三层，在阳光穿过的地方形成了火山。对此，德国矿物学家阿格里科拉（G. Agricola）批评道：太阳光与火山没有任何关系，并声称火山喷发是由压力作用下的蒸汽引起的。自此，人们尝试将地震与地球内部结构连接起来，进行分析。德国物理学家约翰内斯·开普勒（Johannes Kepler）认为，火山是“地球的眼泪和排泄物出口”。

在同一时期，德国耶稣会修道士兼科学家阿塔纳修斯·基歇尔（Athanasius Kircher）为了对火山活动进行进一步的研究，亲自前往当时再次大规模爆发的维苏威火山等多座火山。此外，对于火山喷发的原因，他在《地下的世界》（*Mundus Subterraneus*）一书中提出了新的主张。他认为，火山的热是由硫黄或沥青等物质燃烧产生的。此外，由于火山喷出的物质体积大于火山本身的体积，因此这些喷发物是从地下深处喷出的。

更有趣的是，阿塔纳修斯·基歇尔将火山活动与地球内部的结构直接联系起来进行说明。下图为阿塔纳修斯·基歇尔画的地球结构图。如图 1–9 所示，地球中央有一个火球，中央的火球与其他火球相连，大大小小的火球又与地表的火山相连。

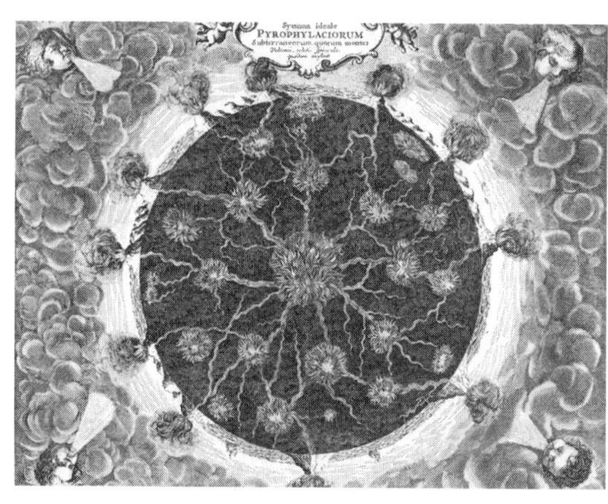

图 1–9 阿塔纳修斯·基歇尔的著作《地下的世界》中对地球内部构造和火山的描绘。1678 年

阿塔纳修斯·基歇尔意识到了火山喷发与整个地球的活动有关，这种超前于时代的洞察力不得不令我们吃惊。就这样，人类在先人的探究基础上，逐渐具备了对火山和地球的科学性认识。

长白山的过去和未来

从火山喷发的规模来看，长白山火山一旦爆发，也具有世界级火山的威力。据《朝鲜王朝实录》等史料中记载，长白山火山在16—20世纪初期间曾多次喷发。特别是在这之前的公元946年冬天，曾发生过大规模的火山喷发。

科学家们推测，在这场大规模的火山喷发中，火山喷出物上升到了25km，到达了平流层，并排放了100—120km³的火山灰。从火山口喷出的火山灰和气体漂洋过海，乘着西风经过咸镜道，越过海洋到达了日本北部。在日本的北海道和本州岛，甚至还形成了5cm以上的火山灰堆积层。

《高丽史》中曾用“天空响起了鼓声”描述这次火山喷发。这次火山喷发不仅造成了巨大的人员伤亡，家畜、农作物和野生动植物也深受其害。平流层的部分臭氧层也被破坏。也有人认为，这是公元后世界上发生的最大规模火山爆发。

最近，有人主张长白山有可能再次喷发。在天池周围，人们经常能感知到地震，通过测定地震波可以确认长白山下存在大规模的岩浆房。虽然所有火山都具有灾难性，但是在长白山储存着20亿吨的水，且位于海拔2 700m以上的高地。长白山如果喷发，将导致山

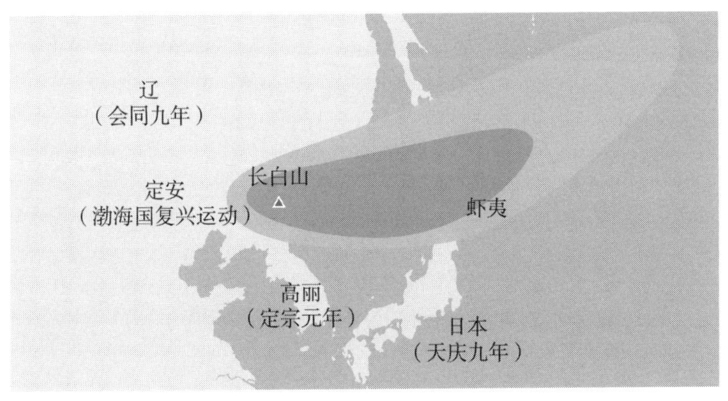

图1-10　946年长白山火山喷发时受影响的地区

顶坍塌，在同时大量的水倾泻而下，造成巨大的损失。因此，中国、朝鲜、韩国、日本作为潜在的受害国，有必要共同对长白山火山的火山活动进行追踪与研究。

2

席卷中世纪的恐怖传染病：黑死病

这场传染病，

究竟是天体带来的？

还是愤怒的神，

为了惩罚罪恶的人类，

所降下的惩罚？

我们已经无从得知……

——

乔万尼·薄伽丘（Giovanni Boccaccio）《十日谈》

沿着贸易之路蔓延的瘟疫

回溯历史的长河，人类曾多次因恐怖的传染病而饱受困扰。其中最具代表性的是 14 世纪发生的黑死病。黑死病造成了惨重的损失。对比其他的灾难死亡人数，说是人类历史上最具毁灭性的大灾难也不为过。在黑死病猖獗的 5 年里，欧洲的人口足足减少了三分之一。不仅如此，在印度和中东地区也有无数人死于黑死病。黑死病于 1347 年在欧洲开始暴发，然而在这之前，欧洲人并没有意识到巨大的惨剧即将降临这片土地。这就像我们在几年前也完全没有想到新型冠状病毒即将席卷全球一样。

事实上，当时欧洲经济一直保持着长期的增长和繁荣。公元1200年，欧洲人口约为4 900万人，到黑死病发生的1340年，欧洲人口增长到了约7 400万人。中世纪初期压迫性的农奴制也逐渐瓦解。与其说农奴主是负责近距离监督折磨农奴的存在，不如说是通过租赁自己的土地得到地租的地主。同时，相比于过去，对农奴的身份束缚有所减弱，农奴的地位更接近自由民。在14世纪初，随着长期持续的经济增长势头逐渐放缓，欧洲似乎进入了稳定的局面。

此外，在此期间商业也得到了长足的发展。特别是通过地中海海上贸易路，促进了意大利和亚洲的贸易畅通，这一地带的商业圈最为发达。威尼斯、热那亚等共和国从东方引进珍贵的香辛料和纺织品，并销售到欧洲，借此获得了巨大利益。这些城市占领了通往亚洲的交通要地，作为本国的贸易前沿阵地。这些国家深知，如果连接欧亚大陆的通商道路被抢走，本国的经济将受到巨大的影响。在此背景下，东西方之间的贸易进行得如火如荼。正是得益于亚洲各国领导人灵活的对外贸易态度，意大利商人才能享受到经济繁荣的甜头。

那么，为何这种太平的局面会被打破，使得瘟疫有机可乘呢？据悉，事件的起点位于黑海的贸易港卡法（Kaffa）。卡法是热那亚人为了促进东西方贸易，将其作为贸易前沿基地的港口城市。到1347年，亚洲某些军队的势力已经到达卡法城附近，这对城市造成了巨大的威胁，而后这些军队对卡法城展开了攻击。

但是在这时，军队阵营却发生了瘟疫。在这种情况下，军队选择了撤退，并把被瘟疫感染的士兵尸体扔进了热那亚军营。急忙处理好尸体的热那亚人随后乘船回到了故乡热那亚和地中海沿岸，而这成为传播黑死病的直接原因。之后瘟疫以可怖的速度向欧洲内陆扩散。

短短 5 年间，瘟疫的阴影笼罩了欧洲大部分地区。现在部分历史学家认为，以上的说明太过于戏剧性，可能与黑死病传播的真相不符。但是，对于黑死病发生在亚洲和欧洲交界处并传播到了欧洲这一观点，却是大多数学者所接受的。

黑死病的真正面目

这场瘟疫之所以被称为黑死病是因为患者感染后，出现的代表性症状就是皮肤坏死变黑。那么，这种传染病的真正面目究竟是什么呢？在当时，病原菌这一概念还尚未出现，人们自然无法正确理解黑死病。让我们来看一看当时的人们是如何对瘟疫发生的原因进行解释的。以下是当时在欧洲最具权威性的位于巴黎的医科大学教授们所提出的观点。

我们认为这种传染病是由天体星座导致的。1345 年 3 月 20 日下午 1 点，水瓶座与三个行星交会。本次交会与之前发生的交会及日食一起产生影响，对大气造成了致命的污染。（省略）

当行星发生交会时，许多被污染的蒸汽从地面和水中逸出，并与空气混合后随着南风而广泛传播到各地。也就是说，蒸汽会导致空气中的物质发生“腐败”。这种“腐败”的空气被吸入后，会慢慢渗透到心脏并污染心脏附近的神志，使心脏周围的湿气也随之发生“腐败”。最终，由此产生的热量破坏了生命力，导致这场瘟疫的发生。

在今天看来，将瘟疫发生的原因归咎于星座、空气的“腐败”、呼吸破坏了掌管神志的心脏等观点都是难以接受的。那么，能否把矛头指向当时的医生呢？如果非要埋怨的话，大概只能责怪那个时代的整体医学和科学知识水平不足以正确认识瘟疫。除此之外，还能怪谁呢？

事实上，直到19世纪末人们才渐渐地查明了黑死病的真正面目。在此期间，人类经历了科学革命，对人体相关知识有所增加，并知晓了微生物的存在，发现了细菌才是引起多种疾病的原因，而非被污染的空气。也正是因为人类经历了如此漫长的科学进化过程，才能真正了解这场瘟疫的真正面目。

1894年，法国一位名叫亚历山大·耶尔森（Alexandre Yersin）的科学家成功分离出鼠疫杆菌。后来这位科学家以自己的名字命名了这种细菌，即鼠疫耶尔森菌（yersinia pestis）。鼠疫杆菌一般栖息在寄生于黑老鼠等啮齿类动物身上的跳蚤上，然后感染人类。这种鼠疫被称为“腺鼠疫”。与此不同的是，据推测，通过呼吸感染的变种——肺鼠疫也曾流行过。学者们指出，黑死病的传播速度非常快。更可怕的是，在几乎没有老鼠栖息的冰岛，瘟疫也传播开来。

但是，为什么14世纪初黑死病在欧洲大为流行呢？在这一时期之前，似乎并不是完全没有黑死病的踪迹。在6世纪中叶，在查士丁尼皇帝（Justinianus）统治拜占庭帝国期间，在以拜占庭首都君士坦丁堡（现在的伊斯坦布尔）为中心的地中海东部地区和东部的波斯地区，瘟疫曾大规模猖獗。此后，直到7世纪末，瘟疫仍呈现出反反复复的态势。据历史学家推测，在此期间，该传染病共造成2 000多

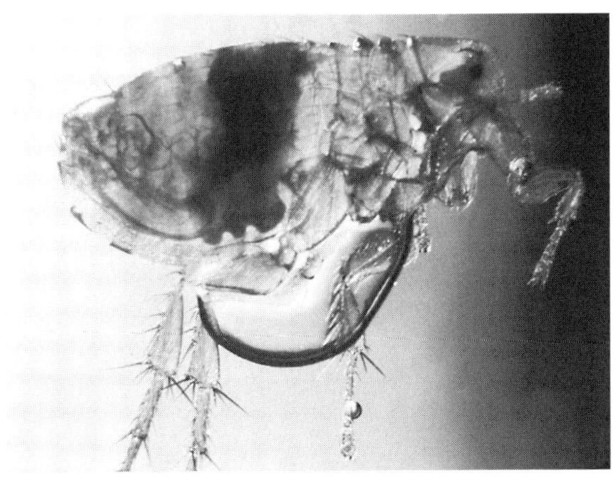

图 1-11　感染鼠疫的主要媒介是寄生在老鼠身上的跳蚤。左图是亚洲老鼠身上的跳蚤，我们可以看到跳蚤在吸完血后，肚子里充满了血液

万人死亡。并且，大多数人主张该传染病就是黑死病。此后约 7 个世纪期间，黑死病没有再次在欧洲出现。那么，为什么黑死病会在 14 世纪初再次登陆欧洲呢？

据现代医学史研究结果显示，黑死病原本是中亚地区长期存在的疾病。在中世纪时期，受蒙古帝国的影响，欧亚大陆间的东西方贸易逐渐活跃起来。随着人、家畜、物资的频繁移动，啮齿动物的栖息范围也沿着交易路线不断扩大。此外，军人的移动也产生了“推波助澜”的效果。也就是说，在贸易世界化和蒙古军队跨越亚欧大陆征服欧洲的背景下，黑死病再次流行起来。

这里又出现了一个疑问。如果东西方贸易的频繁化是将原本只存在于中亚的地区性流行病转变为世界性疾病的原因，那么似乎很难认为黑死病只在欧洲大为流行。于是，怀揣着这种疑问的学者们经过长时间的研究，最终发现，黑死病实际上在欧洲和亚洲均大肆流行过。在印度和西亚的贸易港口以及伊斯兰的圣地——麦加也因曾因黑死病造成了巨大的人员伤亡。在贸易和交流活跃的地区，谁都无法摆脱可怕的病魔。

终于，在多年后，可怕的黑死病像没有发生过一样，瞬间消失得无影无踪。人们大声欢呼着，庆祝黑死病时代的终结。但是实际上，从那之后，黑死病也周期性地“拜访”人类。虽然相比于之前，黑死病的致死率有所降低，但是仍以大约 10 年为周期，在欧洲反复出现。直到 18 世纪初，这场周期性的瘟疫逐渐消失，人们才得以摆脱黑死病的阴霾。

被感染的恐惧
支配着欧洲

让我们进一步了解一下黑死病暴发时的社会面貌吧。在黑死病肆虐的时期，被感染的可能性是相当高的。中世纪著名的小说家乔万尼·薄伽丘在其作品《十日谈》(*Decameron*) 讲述了十个青年男女在黑死病暴发时，避难于佛罗伦萨别墅发生的故事。这本书便是以这场瘟疫为背景展开的。

就这样，黑死病以可怖的速度蔓延开来。只要稍微与患者接触，可怕的瘟疫就像火苗一下子蔓延到周围干燥或涂过油的物品上一样，会迅速地转移到健康的人身上。更可怕的是，哪怕仅与患者交谈或与患者交往过，也会被传染甚至死亡。甚至患者触摸我们一下，或是我们碰过患者穿过的衣服或其他物品，也会感染疾病。

在快速传播的感染病面前，欧洲社会立刻陷入了混乱之中。朝夕相处的家人和邻居感染瘟疫后皮肤瞬间变黑，在被折磨得奄奄一息后，便撒手人寰。在这残酷的事实面前，人们的反应也不尽相同。虔诚的基督教信徒们将瘟疫视为神对堕落的人类的惩罚，并不断地向神祈祷忏悔。相反，有的人则指责神无所作为，于是自顾自抛弃了以往的信仰。也有的人认为，反正即将不久于人世，不妨在有限的时间里尽情享乐。还有的人明知宁愿冒着被感染的危险，仍对患者进行了无微不至的护理。此外，也有人出于对瘟疫的恐惧而抛弃了家庭，逃之夭夭。

对此，统治者也没有提出有效的对策。教会的教诲、农奴主的指导、医生的处方也同样没有多大效果。相反，人们密密麻麻地聚在狭窄的教会里，一起祈祷、赞颂，反而增加了感染的风险。农奴主认为，自身提出的应对方法比寻常百姓的民间疗法更有效。然而实际上，这种想法毫无根据。不仅如此，就连当时的医生也未能研究出有效的治疗方法与预防措施。

图 1–12　约翰·威廉姆·沃特豪斯（John William Waterhouse），《十日谈的故事》，1916 年

尽管画中场景描绘得很美，现实却是很暗淡的

急于寻找替罪羊的对策

在危急的情况下，一部分人比起个人应对灾难，通常会选择集体应对。但是，值得注意的是，有时这种集体应对会造成极其恶毒的后果。瘟疫暴发后，基督教徒之间开始流行一种独特的鞭打的礼拜方式。在很久之前，鞭打作为一种忏悔的手段，在一些将禁欲作为教条的宗教团体内部，用于约束圣职者和教徒。在黑死病时期，鞭打通过公共集会，在各地依次举行的形式进行。在黑死病暴发之前，鞭打主要在意大利一带进行，黑死病大规模暴发之后，鞭打快速从南欧地区向中欧和北欧地区扩散开来。

在今天的德国和荷兰地区，十字兄弟会（Brothers of the Cross）这一鞭打团体势力最为强大。十字架兄弟会的团员们将耶稣生命中的一年换算成一天，在33天半的时间里，每天在不同的地区举行仪式。他们每天跪坐在地上两次，一边忏悔自己所犯的罪过，一边互相鞭打对方，直到流血为止。

通过图1–13中，我们可以想象出在黑死病暴发的时代，在荷兰境内信徒们是如何鞭打游行的。如图，团员们正各自手持铁鞭，一边鞭打自己一边结队游行。至少从现代医学的观点来看，鞭打行为并未成功阻止传染病的扩散，反而加速了疾病扩散。因为身体反复受伤，所以团员们很容易感染外部细菌。很多人一起参加游行，并经过多个地区，召集更多的人举行仪式。因此，密切接触者人数会持续上升。显然，这与“保持社会距离”是背道而驰的。但是，在末日论甚嚣尘上的时代下，很难出现批判性的声音。即使出现了，也不会被大众所接受。最终，鞭打这一热潮扩散到了整个欧洲。

图 1–13　图为在荷兰发生的鞭打队伍，1349 年人们手里拿着带有锋利铁片的鞭子，一边鞭打自己一边前进

对此感到担忧的教皇下达了禁止鞭打仪式的命令。遗憾的是，鞭打的狂潮并没有平息，为了阻止鞭打仪式的传播，统治者甚至将鞭打行为与异端分子联系起来。这场热衷于鞭打的宗教狂潮并没有轻易平息。

更残忍的是，人们开始故意寻找替罪羊，并对他们施加了惨无人道的暴行。一些人认为黑死病是上帝降下的惩罚。于是，人们以犹太人将耶稣钉在十字架上为由，把他们当作无辜的替罪羊。邪恶的反犹太主义情绪瞬间到达了顶峰。犹太人向井里投毒致使疾病扩散这一毫无根据的传闻火速蔓延开来。失去理智的人们只要看到犹太人就抓捕起来，以残酷的方式进行拷问甚至进行集体屠杀。包括西班牙的巴塞罗那、瑞士的巴塞尔、德国的科隆等众多城市在内，少则数十人，多则数千名犹太人因此无辜丧生。在法国斯特拉斯堡，尽管当时瘟疫尚未扩散，仍有 2 000 多名犹太人被处以火刑。

从图 1–14 中，我们可以看到，在画作后面的犹太人被处以集体火刑，在前面的基督徒们只顾自己的宗教教义，从犹太人那里抢夺贵重物品。在德国的法兰克福和美因茨市甚至还发生了居住于此的犹太人被杀害的事件。犹太人是否真的引发了传染病早已不再重要。参与屠杀的人只是需要一个可以发泄愤怒和厌恶之心的对象而已。

图 1-14　埃米尔·史怀哲（Émile Schweitzer），《斯特拉斯堡大屠杀 1349》（*Pogrom de Strasbourg 1349*），1894 年

但是在当时，也有人认为犹太人并非引起传染病的罪魁祸首。例如，教皇克雷芒六世（Clemens VI）曾发表敕书称："认为犹太人是引发瘟疫的原因这一看法是受恶魔操纵的结果。"教皇看到即使世界各地的人们与犹太人保持距离，也惨遭病魔的杀害后，认为不能将犹太人视为传染病的源泉。不仅如此，他还欢迎犹太人到位于阿维尼翁的教皇厅来避难。

但是克雷芒六世的努力并没有达到预期的效果。当时神圣罗马帝国的皇帝查理四世（Karl IV）下达了一项敕令，即：允许没收在骚乱中死亡的犹太人的财产。于是，充满金钱欲望的地方统治者经常放任屠杀犹太人这一行为。

值得思考的是，在那个时代，为什么欧洲各地会肆意地屠杀犹太人呢？有些人认为是由于大众对传染病的认识不足导致的。也有些人相信犹太人与黑死病的暴发有关。但是，排除当时蔓延的反犹太主义情绪这一原因，似乎很难解释为什么成为替罪羊的必须是犹太人。对于犹太人的恶行是导致黑死病暴发的核心原因这一说法，有没有客观的根据作为支撑？为什么在没有犹太人居住地的地区也暴发了黑死病？为什么神不直接惩罚犹太人，却让“善良”的基督教徒无辜受到牵连……在疯狂地寻找替罪羊的社会里，这些疑问背后所隐藏的真相似乎羞愧得难以言说。

黑死病之后的世界

黑死病给许多人带来了巨大的痛苦。这场如地狱般的瘟疫平息后，欧洲乃至亚洲发生了剧变。随着人口的急剧减少，出现了劳动力不足的问题。即使支付给劳动者较高的工资，也难以找到新的劳动力，以填补人手空缺。于是，因为找不到耕种者，很多土地被荒废。

在此过程中，过去的农奴们的地位逐渐得到改善，在黑死病中幸运地生存下来的农奴们得以“苦尽甘来”，能够迁移到生存条件更好的地区生活。历史学家们将这段时期称为“农业劳动者的黄金期”。

与此同时，试图重新掌控农民的农奴主们在共同商议后决定限制上涨劳动者的工资，并强制阻止劳动力的迁移。英国于 1351 年颁布的《劳工法》便是代表性的法规。于是，想要重获控制力的统治层和对此进行抵抗的被支配层之间不可避免地发生了冲突。于是，在这种充满不安的氛围下，在法国和英国先后发生了扎克雷起义（Jacquerie）（1358）和瓦特·泰勒起义（Wat Tyler）（1381）。此外，在西班牙、葡萄牙、德国、意大利等西欧各地也不断发生起义。

在大部分起义中，起初虽然农民占据着优势，但是最终胜利的轴心却逐渐向农奴主倾斜。最终，由农奴主主导的统治体制暂时性地得到了强化。然而，在劳动力持续不足的情况下，农奴主之间的联合体系很难维持稳定。随着时间的推移，个别农奴主为了确保劳动力的充足，逐渐改善了农奴的待遇。于是，西欧的农奴逐渐摆脱了身份的压迫，获得了自由民的地位。

与西欧不同，黑死病平息后，东欧农奴主对农奴的控制力并未减弱。大瘟疫以后，随着经济衰退和劳动力不足现象不断加深，东欧的农奴主们也想加强对农民的压迫。但是与西欧不同的是，东欧农奴主成功强化了农奴制。与西欧相比，处于落后状态的东欧农奴们在与农奴主对抗的过程中败下阵来，隶属化和身份制强化现象仍然存在。在西欧社会身份制度不断弱化并向近代社会靠拢时，东欧反而回到了中世纪初期的压迫体制。以黑死病为起点，西欧和东欧迎来了重要的历史转折点。

另外，黑死病对亚洲的影响也是显而易见的。全球性的大瘟疫导致东西贸易走上了衰退之路。蒙古和平（Pax Mongiloca）时代，即由蒙古帝国维持稳定秩序的贸易鼎盛时期已经过去。与以前不同，长途商人逐渐减少，贸易城市的驿站也变得冷清。贸易衰退导致蒙古帝国财政不断恶化，并直接导致了军事力量的弱化。最终，过去的辉煌不复存在，蒙古帝国渐渐退居于历史舞台的幕后。

黑死病由中亚扩散到全球的契机是蒙古和平时代的交易和交流。黑死病作为经济全球化的副产品，反而导致了东西方贸易的衰退。此外，主导经济全球化的蒙古帝国因黑死病走上了衰落之路，这看似有些矛盾。但仔细分析的话，这与当今全球化更加发达的环境下，

图 1-15　让·傅华萨（Jean Froissart）所著的编年体著作中出现的插画
图为 1381 年扎克雷起义中的农民军正向国王提出自己的要求

迅速扩散的新型冠状病毒带来的本国优先主义和去全球化似乎如出一辙。

3

大航海时代下的可怕交换：传染病

这场瘟疫只杀死印第安人

对于西班牙人来说

却是毫发无损的

这对当时的人们造成的心理影响是巨大的……

在这次战争中

哪一方获得了神的庇佑

已是不争的事实

——

威廉·麦克尼尔（William McNeill）

《瘟疫与人》

连接为一体的世界

大航海时代从 15 世纪开始，在人类历史上占据着非常重要的地位。这是因为在大航海时代，曾经处于隔绝状态的旧世界（亚洲、欧洲、非洲）和新世界（南北美洲）开始被连接起来。

让我们先从风景这一话题开始吧。美国的大平原是新世界的代表。在无边无际的广阔大地上，牛仔们骑着马驱赶牛群的模样是这里具有代表性的风景。这种风景是从什么时候开始存在的呢？实际上，原本在草原上只生活着野生水牛，马和牛并不是原产于美洲的牲畜。在 16 世纪以后，马和牛才从旧世界的欧洲进入美洲。那么，牛仔又是怎么一回事呢？我们通常认为牛仔是白人，原来生活在大平原的美洲原住民是印第安人。在与白人的斗争中，大部分印第安

图 1-16 弗雷德里克·雷明顿（Frederic Remington）所绘的牛仔图
图中出现的人、牛和马都是从旧世界进入新世界的生物

人被击败并丧生，而一些幸存下来的印第安人则被驱赶到了遥远的限定区域生活，几乎失去了存在感。与之形成鲜明对比的是，牛仔是从欧洲过来的白人移民及其后裔。也就是说，被认为是新世界代表性风景的牛仔，实则上是从旧世界移入后重新形成的。

这种巨大的变化发生于何时呢？大航海时代就是其起源。克里斯托弗·哥伦布（Christopher Columbus）的探险队到达美洲大陆之前，旧世界的亚洲、非洲、欧洲彼此之间进行贸易和交流，并形成了一个经济圈。与此同时，新世界的南北美洲也相互交流往来，各自经营着彼此的经济圈。但是以 15 世纪末哥伦布的探险为起点，又经过了 16—17 世纪积极展开的长距离航行，旧世界和新世界连接在一起，开始了密切沟通。

以西班牙征服者为首，英国人、法国人、荷兰人等国家为了在美洲大陆建立殖民地，展开了激烈的竞争，后来亚洲人也加入了移居行列。随着旧世界的移民们定居在这片大陆，他们从本国带来的动植物也出现在这里，并开始适应新的土壤和气候。所以，大航海时代是以人和动植物为媒介，将长期隔绝的两个世界融为一体的历史时期。这一时期是将地球捆绑为一个经济圈的时代，也是首次以地球为整体，共同朝着世界化大步迈进的时代。

哥伦布交换

让我们更详细地来了解一下旧世界和新世界的连接吧。新旧世界的连接意味着人、家畜、农作物以及财物的相互移动，两个世界紧密地融为一体。首先，动植物的迁移对人类产生了深远的影响。初期的探险家们在发现新大陆时，对胡椒、肉豆蔻、丁香等中世纪以来在欧洲备受欢迎的亚洲香料充满了好奇。于是，探险家们试图在美洲寻找这些农作物。虽然最终探险家们并未在美洲找到这些农作物，但是在他们有意或无意的努力下，一些其他的植物实现了大陆间的双向移动。动物也是如此，通过这种途径实现了跨洋迁徙。

最具代表性的是生长在新世界的土豆、南瓜、西红柿、辣椒、玉米、烟草、靛蓝等流入了旧世界并被广泛栽培。巧克力、香草、木薯、花生、四季豆、菠萝、青椒和火鸡等也是如此。相反地，小麦、大麦、燕麦等谷物和甘蔗等植物以及牛、马、羊、猪、驴、山羊等家畜从旧世界传入了新世界。后来，原产于亚洲的香蕉、大米、柑橘也开始在新世界种植。为了满足人类的需求，各种动植物在适合自身生长和繁殖的气候、土质下，扩散到了地球各处。这就像把新旧世界各自存在的生物列出一长串名单，在将两个世界连接起来后，找出世界范围内最适合自身成长的地方进行种植一样。但是，并不是所有的迁移都按照人类的心意进行。这是因为细菌和病毒也随着人类和动植物的迁移跨过了浩瀚的大洋，并在新的环境中产生了出乎意料的影响。

图 1–17　图为哥伦布登陆美洲西印度群岛的早期版画，1494 年

随着两个世界的连接不断深入，相互作用的人力、物质、生物学要素和由此带来的变化的总称被称为哥伦布交换。哥伦布交换本质上意味着在世界范围内，基因得到混合和扩散。可以说，这对地球生态界产生了革命性的变化，是人类历史上的大事件。两个世界之间交换的动植物作为新粮源、工业原料、运输工具和嗜好品，在未来的世界经济中发挥着重要的作用。特别是对气候和土质适应能力较强的土豆和玉米等农作物，有效地促进了人口增长。这些农作物从新世界出发，传播到了传统谷物栽培成活率低的旧世界，使得整个地球的人口数量得以飞跃性地提高。大航海时代虽然带来了疾病的全球化，导致新世界人口的迅速减少。但是从长远来看，大航海时代为更大规模的世界人口增加奠定了生产基础。

粮食的增加和随之而来的人口增加等量变并不是哥伦布交换带来的全部变化。人们的饮食多样化、嗜好食品消费的增加等质变也

图 1–18　菲利普·杜福尔（Philippe Dufour），1685 年
图为介绍咖啡、茶、可可等饮品的书的封面图

随之而来。例如，生活在 17—18 世纪的欧洲中产阶级家庭可选择的消费对象扩大为源于非洲的咖啡、从美洲进口的可可、亚洲生产的茶等。

随着时间的推移，食谱变得更加全球化。从美洲传入亚洲的辣椒进入印度后，使得咖喱更加美味，并于 17 世纪和 18 世纪分别在葡萄牙和英国的料理书中登场。韩国的饭桌上出现了用辣椒粉腌制的辛奇。此外，番茄传入中国后，又以番茄酱的形式被推广，通过东南亚的华侨传到印度后，又传到了英国。

着眼于世界范围内人口迅速增长的量变和饮食多样化的质变等事实，可以说大航海时代是人类开始农耕和畜牧业以来，人类饮食生活发生翻天覆地的时期。

对印第安人的掠夺和征服的黑历史

让我们再次回到大航海时代初期。西班牙征服者在美洲登陆后，是如何战胜美洲原住民的呢？他们采取的战术很简单。即：最大限度地威胁原住民，通过暴力的方式获得人力和财产。颠覆北美洲阿兹特克帝国的埃尔南·科尔特斯（Hernán Cortés）和南美印加帝国的弗朗西斯科·皮萨罗（Francisco Pizarro）使用火药武器和马匹激发原住民的恐怖心理，并通过突袭和利用人质获得了胜利。令人吃惊的是，不过 600 名西班牙士兵便让人口约 50 万的阿兹特克帝国屈服，由 180 人组成的军队便推翻了印加帝国。

图 1–19　埃玛纽埃尔·洛伊茨（Emanuel Leutze）《科尔特斯和他的部队对神庙的袭击》（*Storming of the Teocalli by Cortez and His Troops*），1848 年
该作品描绘了科尔特斯军队用武力攻击阿兹特克帝国的场景，双方武器和保护装备的差异悬殊

图 1–20　迭戈·里维拉（Diego Rivera）所作的壁画
这幅作品创作于 20 世纪，描绘了阿兹特克人在西班牙征服者手下强制劳役的场景

继充当探险家兼军人角色的初期西班牙征服者之后，很多西班牙人移居到了美洲。他们不断扩大领地，并将其纳为自己的殖民地，随意差遣印第安原住民作为劳动力进行劳役。于是，印第安原住民被投放到开采金银、饲养家畜、种植农作物以及为西班牙家庭服务的工作。就这样，没有自保能力的印第安人沦为了奴隶，根本无法摆脱白人施加的残酷剥削。

只要西班牙征服者的一声命令，印第安人便不得不与自己的家人分离，前往征服者指定的地方工作。于是，印第安人不得不不断更换生活的地区与主人。在这种情况下，传统的生活方式和共同体安全体系完全崩溃了。

西班牙征服者尤为重视金银的开采，被强制进行开采作业的印第安人每年要遭受长达 8—10 个月的残酷的劳役。繁重的劳役、短缺的粮食、高山地带的寒冷气候、白人的虐待等诸多因素导致印第安劳动力发生了枯竭。短时间内，印第安原住民的死亡率迅速增加，征服者不得不寻找其他的方法填补劳动力的不足。这为后来非洲黑奴被掳掠到美洲埋下了伏笔。

从欧洲传入的传染病

惨烈的战争、残酷的劳动、恶劣的待遇、陌生的气候是导致印第安原住民人口锐减的主要原因。然而，比这更具毁灭性的因素是从欧洲传入的传染病。在这之前，印第安人完全没有接触过天花、麻疹、斑疹伤寒这些疾病。因此，他们对这些疾病没有任何免疫力。于是，传染病在没有接触过这些病原体的原住民中快速传播，造成

图 1-21　图为埃及壁画，新石器时代的定居生活和畜牧业的发达使得人类和家畜经常接触。在这种环境下，发生了疾病的变异

了重大的人员伤亡。相比之下，这些传染病在旧世界的死亡率并不像美洲那么高。

为什么会产生这种差异呢？为了弄清楚这个问题，我们需要在历史的长河里寻找答案。这些传染病有一个共同点，即：都是由家畜传染给人类的。让我们暂时回到人类首次登场的时代。正如前文所提到的那样，约 15 万—20 万年前，智人首次在非洲东部出现，并于 6 万—10 万年前从非洲大陆移动到了其他大陆，其中一个分支横穿广阔的亚洲，到达了东亚尽头。在距今约 2 万年前的冰河时代末期，智人从亚洲通过结冰的白令海峡迁徙到了北美洲。之后经过数千年的南下历程，到达了南美洲的南端。

值得注意的是，智人进入美洲的时间大约是在 2 万年前。此后过了约 8 000 年，在西亚的美索不达米亚一带，即被称为新月沃土（Fertile Crescent）的地区发生了新石器时代革命（Neolithic Revolution），此后，以往以狩猎和采集为基础的旧石器经济活动到此终结。人类定居在固定的地方，形成了经营农耕和畜牧业的社会。

与采集经济为基础的旧石器时代相比，进入新石器时代后，人类与家畜的接触更加普遍。在此过程中，原本只存在于家畜身上的部分病原体发生了变异，使人类也能被感染。这种人畜共患病在初期给人类带来了致命的打击。但是，反复接触该病原体的人类，在历经几代人后逐渐提高了免疫力。慢慢地，相比于之前，这些传染病的致死率也逐渐降低。

下面让我们仔细观察一下天花的发展历史。在印度、埃及、中国等古代文明发达的地区，早期的天花发病事例被记载下来。天花最早发生在距今 3 000 多年前。此后，仅因天花而失去生命的名人便数不胜数，可见死亡人数之多。具有代表性事件是在公元前 1157 年去世的埃及法老拉美西斯五世（Ramesses V）在死后被制成了木乃伊，而经后世的研究发现，拉美西斯五世出现了感染天花的痕迹——麻子。于是，拉美西斯五世被确认为第一个患上天花的人。据记载，在罗马帝国时代，马可·奥勒留皇帝（Marcus Aurelius）在与匈族结束战争后，患上了天花，并将其带回了罗马，造成了包括自己在内的相当数量的罗马人死亡。

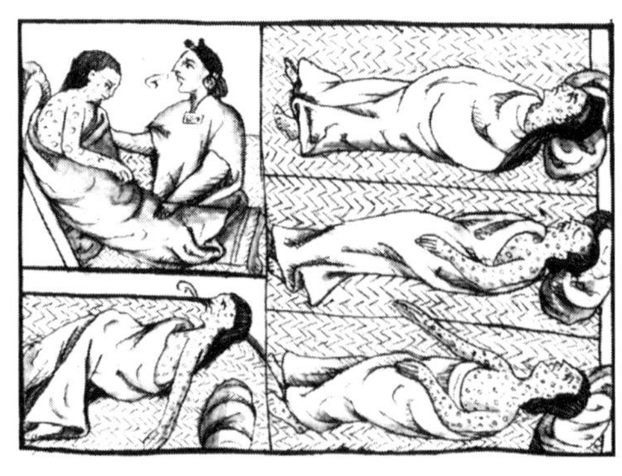

图 1–22 《佛罗伦汀手抄本》(*Florentine Code*) 12 卷，16 世纪
16 世纪初从欧洲传到美洲的天花给印第安人带来了致命性的打击

在大航海时代，天花从欧洲传播到了美洲，造成了无数人的死亡。上图由原住民创作，描绘了阿兹特克人因患天花而痛苦的样子。我们可以看出，天花对于印第安原住民来说，是多么恐怖的存在。在1520年夏天，在阿兹特克帝国的首都特诺奇蒂特兰（Tenochtitlan），有一半的居民死于这种陌生的传染病。天花的潜伏期约为2周，随着被感染的特诺奇蒂特兰居民到数百千米外的地方避难，天花逐渐扩散到全国范围内。这场传染病不仅使阿兹特克帝国迅速失去了应对西班牙征服者的能力，无法展开防御，整个帝国军士的士气也急剧地下降。对于西班牙军队来说，这无异于轻而易举地抓住了胜利的机会。

一项研究表明，在大航海时代开始之前，墨西哥中部的土著人口约为2 500万。但是到了1532年，人口减少到了1 600万人，此后人口减少速度不断加快，仅仅过了70多年，人口再次锐减至100万人，仅为1532年的十六分之一。与高原地区相比，沿海地区的人口减少趋势更为迅猛。据分析，这是因为海岸的低洼地区气温相对较高，病原体更加活跃。而且这里的印第安人居住密度较高，再加上征服者的掠夺，原住民的生活条件遭到严重破坏。由此可知，人口减少不仅仅是因为凶猛的传染病，社会环境的变化也是不可忽略的。

天花一直沿着阿兹特克帝国南下到达今天的厄瓜多尔。在那里，镇压叛乱军的印加帝国皇帝瓦伊纳·卡帕克（Huayna Capac）因感染天花而去世。随后，天花传播到印加帝国首都库斯科。在天花肆虐的情况下，印加帝国发生了内战，最终以1532年阿塔瓦尔帕（Atahualpa）登上王座而告终。但是，在当时已经有无数的印加人民因天花而牺牲。西班牙征服者们趁此机会对印加帝国展开了攻击，疲惫不堪的印加帝国只能强打起精神应对敌人的攻击。

朝鲜时代流行的天花

大航海时代以后，世界各地的人们不断因天花失去性命。在此过程中，人们也在为消除可怕的病魔而努力着。经过无数次的试验与试错，在 1796 年，英国医生爱德华·詹纳（Edward Jenner）研究出了接种牛痘疫苗的方法。而后这种预防接种法传播到了多个国家，人类逐渐在与天花的斗争中取得胜利。像这样，从种痘法开始到有效疫苗的开发和普及为止，天花一直在人类的周围潜伏，威胁着人类的生命。直到 19 世纪末，随着池锡永开始普及种痘法，韩国因天花死亡的人数才有所下降。

在韩国历史上，天花曾是威胁着无数人安全的可怕传染病。在朝鲜时代，人们将天花称为“妈妈”，这是“别星妈妈”的缩略语，是对掌管瘟疫的鬼神的尊称。通过这种最高的尊称，人们希望掌管天花的鬼神能够宽容地对待人类，不要给人们带来太大的损失。在当时，即使是王室也未能摆脱感染天花。据记载，在肃宗时期，禧嫔张氏在世子患上天花后，曾根据巫师的话准备了红色糕点和女童的衣服，向妈妈神祈祷世子的健康。

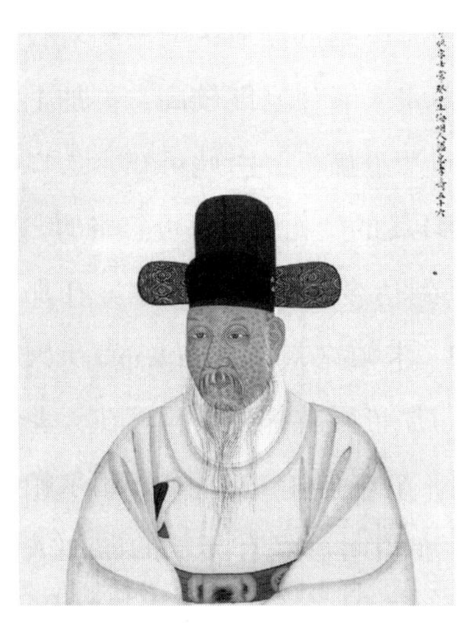
图 1-23　图为朝鲜后期吴命恒的肖像画

天花的致死率不仅很高，而且侥幸生存下来的人脸上会留下明显的疾病痕迹。如果患上天花，皮肤上会留下凹陷的麻子疤痕，也被叫作“妈妈痕迹”。特

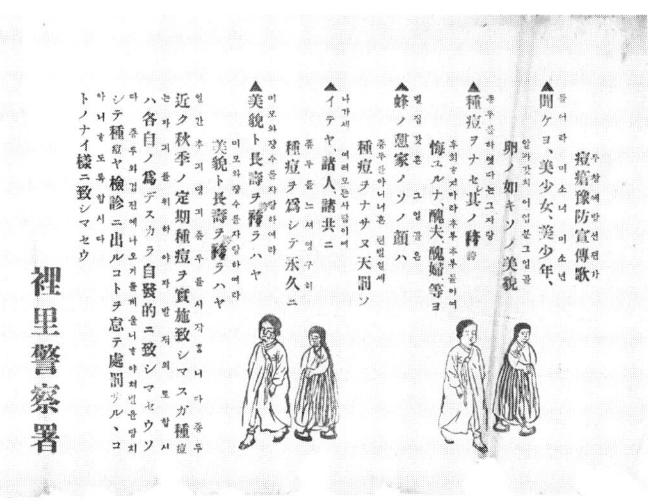

图 1–24　20 世纪初宣传预防天花的告示
上面写着“只有种痘才能拥有永远的美貌和长寿”

别是女性的脸上如果留下这种痕迹，就会被称为“薄色”，薄色意味着丑陋的外貌。人们因患危险的疾病而受苦就已经够受折磨了，还要被嘲笑外貌上留下的伤疤，真是残忍至极。

天花也曾在古画上被记载下来。图 1–23 的画中人物是在英祖时期镇压李麟佐之乱的吴命恒的肖像画，我们可以看到画中人脸上布满了妈妈痕迹。据现代医生推测，画中人脸色发黑可能是患有肝硬化症所致。得益于当时画技高超的画家，后世的我们才能直观的确认当时的妈妈痕迹。

因为天花在当时造成了许多人死亡，所以医官们迫切地寻找治疗方法和预防方法。统治者鼓励有能力的医官编写医书，传播医学知识。例如，许浚在《东医宝鉴》中详细记述了天花的应对方法。书中介绍黄连、梅花、葫芦巴的根、黑豆等药物能有效预防天花感染并防止患者病情进一步恶化。

爱德华·詹纳的种痘法也传播到了其他国家。在 19 世纪 20 年代，中国医学书上介绍了种痘法。之后朝鲜学者丁若镛在《麻科会通》一书中也提到了种痘法。和朴齐家一样，丁若镛是传播种痘法的先驱者。

在 19 世纪末，韩国正式开启消灭天花之路。随着池锡永等医者开始积极普及种痘法，天花导致的死亡人数才开始明显减少。书中图 1–24 的画创作于 20 世纪，旨在劝告人们自发接种疫苗。上面写着“因为不种痘，你的脸才像蜂窝一样”“只有种痘才能拥有永远的美貌和长寿”。这可谓是一种有效的宣传方法。

麻疹的消灭与复活

现代人也没有摆脱传染病的侵害。由上文天花的事例可知，人畜共患病并非仅存在于过去。今天困扰人类的各种传染病，例如禽流感和中东呼吸综合征（MERS）以及在全世界肆虐的新型冠状病毒都属于人畜共患传染病。只要人与动物仍相互接触，在世界化的环境下，疾病随时都会变异，演变成大流行。

一些人畜共患传染病的历史非常悠久，至今为止造成了相当大的负面影响。麻疹就是典型的传染病案例。在感染麻疹病毒后，会出现发热、流鼻涕、结膜炎、斑点等症状，严重时还会出现淋巴结肿大、支气管炎等症状。麻疹病毒以人类为唯一的宿主，感染性非常强。主要通过呼吸道分泌物——飞沫以及被污染的东西传播。近些年来，随着人们小时候广泛开展预防接种，患上麻疹的概率明显有所下降。但是，仍有部分发展中国家未采取充分的预防措施，因此仍然会出现被感染的患者。

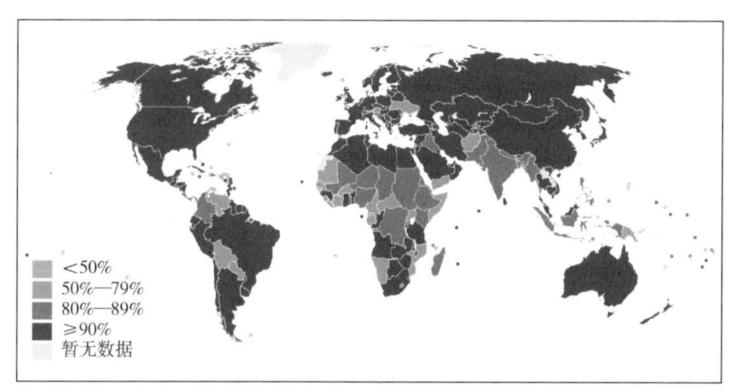

图 1-25　2010 年世界各地区麻疹疫苗接种率
资料出处：世界卫生组织（WHO）

图 1–25 上标记出了世界各国以及各地区的麻疹疫苗接种率。由图可知，南美洲、非洲、南亚和太平洋岛屿的部分国家及地区接种率相对较低。

虽然如今人们认为麻疹并不具有太大的威胁性，但是在过去却并非如此。历史研究表明，早在 2 000 多年前的一些史料中就记载了类似麻疹的症状。而在 12 世纪左右的史料中，可以清楚地查阅到人畜共患病的特征。在进入大航海时代后，麻疹对人类造成的伤害最为严重。对于完全没有形成相关免疫系统的印第安原住民来说，这场由欧洲人传播到新世界的麻疹给他们带来了致命的打击。

例如，在 1529 年的古巴，好不容易才从天花的魔掌下生存下来的原住民中，又有三分之二的人因麻疹而丧命。除了古巴之外，在属于阿兹特克和印加文明的中美洲和南美洲也曾因麻疹遭到了重创。在 18 世纪中叶到 20 世纪末期。无数人因麻疹而离开这个世界。据估计，在此期间全世界约有 2 亿人死于麻疹。在 20 世纪中期发明疫苗之前，每年有 700 万名以上的儿童因麻疹死亡。此后，患上麻疹的概率呈显著下降趋势。

图 1–26 展示了美国在接种麻疹疫苗后产生的明显效果。1963 年美国引进麻疹疫苗后，麻疹患者人数立即呈现急剧下降趋势。短短 5 年时间，麻疹患者人数就下降到了非常低的水平。自 1989 年建议第二次接种麻疹疫苗以来，麻疹已不再对人类构成威胁。在 2000 年，世界卫生组织宣布美国已完全消灭了麻疹。并于 2016 年传来了麻疹已经在整个美洲地区消失的喜讯。但令人惊讶的是，在 2015 年，被称为完全消除麻疹国的美国却再次发生了麻疹，至少 14 个州出现了 100 多名确诊患者。在 2019 年，大规模暴发病例超过了 1 200 例，部分州麻疹患者增至数百人，并宣布进入应对麻疹紧急状态。不仅仅是美国，麻疹在澳大利亚、法国等众多“防疫发达国家”再次流行起来。

麻疹之所以能够重新流行，反对接种疫苗运动起到了相当大的

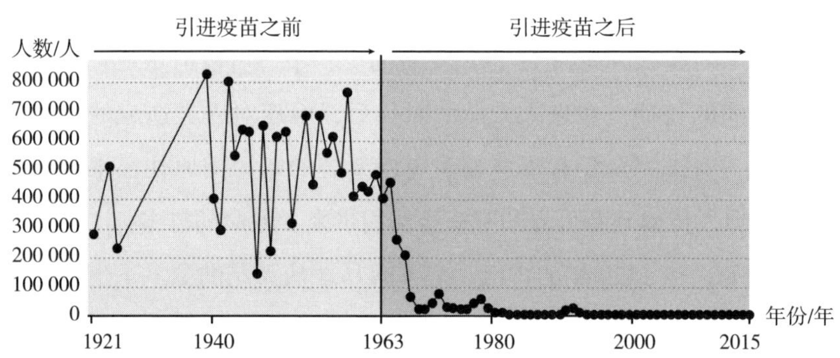

图 1–26 1921—2015 年间，美国居民接种麻疹疫苗的效果

资料出处：Our World in Data

作用。反对疫苗接种的大众运动的历史相当悠久。事实上，从疫苗面世以来，就一直存在不信任疫苗效果、夸大疫苗副作用以及疫苗

与特定群体的阴谋有关的言论。部分人主张，在注射所谓能够预防麻疹的 MMR 疫苗（同时预防腮腺炎和风疹）后，人们就会患上孤独症或精神疾病。持有这种毫无根据的想法的群体还主导了反对接种疫苗运动。也有人主张，孩子在接种麻疹疫苗后会饱受精神病的折磨。此外，未满 2 周岁的儿童疫苗接种率也呈现出逆时代趋势。在 2001 年，2 周岁以下的儿童疫苗未接种率仅为 0.3%，2011 年增加到 0.9%，2015 年再次上升，增加到了 1.3%。在欧洲，也有不少反对疫苗的群体。例如，乌克兰的麻疹疫苗接种率曾一度呈急剧减少的趋势，确诊患者人数达 2 万人以上；在英国和爱尔兰，由于伪医学者的争议，接种率也曾出现过大幅度减少现象；在法国，极右翼政党反对疫苗接种义务化；意大利一度通过了推迟预防接种义务化的法案……可见疫苗怀疑论的影响力非常之大。

如今，医生和科学家强烈赞成幼儿接种疫苗。在公共卫生历史上，接种疫苗可以说是最杰出的举措。但令人惊讶的是，反对接种疫苗的呼声至今仍占有一席之地。疫苗怀疑论的依据也是多种多样。不少教育水平低或科学知识不足的人被迷信主张或伪科学所迷惑。当然，也不排除这类群体被当成达成政治目标的棋子的可能性。

韩国自 20 世纪中叶以来，得益于积极的疫苗接种政策，麻疹基本消失。2006 年，韩国被公认为麻疹防治国家。麻疹就如已经翻篇的历史一般，在人们印象中不再具备危险性。但是在 2011 年和 2012 年，却发生了意想不到的事态。麻疹突然在韩国国内流行，确诊人数一度超过 5 万人，规模不可小觑。措手不及的韩国政府制定了消除麻疹的 5 年计划并加强疫苗的接种。万幸的是，麻疹发病率迅速下降，最终在 2014 年，韩国再次获得了世界卫生组织颁发的麻疹防治国家认证。但是在 2018—2019 年，韩国再次出现多名确诊患者，这

图 1–27　1919 年在加拿大多伦多举行的反对接种疫苗的集会
©William James，City of Toronto Archives

表明韩国并不是完全免受麻疹侵害的国家。在韩国也存在着反对接种疫苗运动的倾向。据悉，部分标榜自然育儿的门户网站社区发起了拒绝接种疫苗运动。

据世界卫生组织研究数据，2018 年全球麻疹感染者达 22.9 万人，其中死亡人数达 13.6 万人。在短短一年内，感染人数便骤增 50%。考虑到在正式统计时存在遗漏的情况，实际感染者人数只会更多。只要各种阴谋论和反智主义伪科学还有喘息的空间，疫苗怀疑论就很难完全消失。

在世界化进程中出现的灾难

回顾历史，我们可以发现传染病曾多次给人类带来了巨大的考验。在大航海时代曾猖獗一时的传染病是在全球化过程中出现的灾难，因此今天仍有特别的意义，并受到人们的关注。超越国境的大规模传染病带来了严重的后果，这告诉我们，仅靠个别国家的努力是无法阻止疾病在世界范围内流行的。在全球化高度发达的今天，地球上已不再存在“孤岛”。在当今时代，通过乘坐飞机、船舶、铁路、汽车等交通工具，我们能快速到达地球任何地方。许多人出于业务或个人目的，迈出国门已经成为日常。如今，无论是哪种疾病，都不再是只在国内流行，而是在短期内快速传播，并发展为全球性的流行病。

在人类历史上，我们不断地可以观察到疾病全球化的现象。而且，这种现象今后会更加频繁地发生。不仅如此，只要在发展中国家仍存在集中感染病毒或细菌的现象，那么仅靠发达国家内部的防疫努力是无法有效阻止疾病传播的。这是因为，发展中国家存在的病原体随时都有可能越过国境，再次威胁发达国家的安全。发达国家应积极向发展中国家提供医疗及经济层面的帮助，这样才能完善世界性的互助体制，防止传染病卷土重来。而这种互助体制是人类必不可少的防御网。

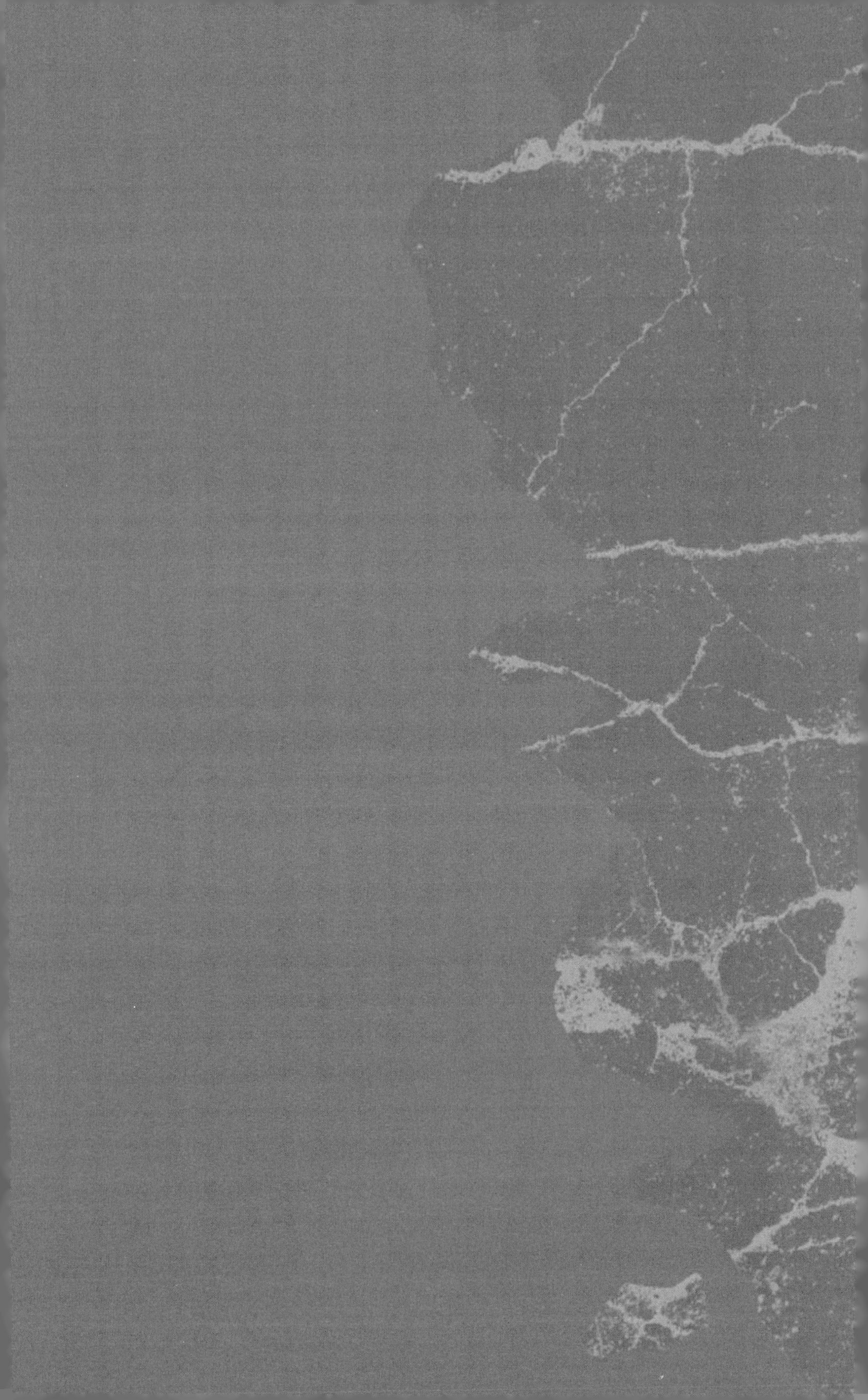

4

向欧洲袭来的寒冷和恐惧：小冰河期的低温现象

这种情况见所未见

闻所未闻

这残酷的死亡

简直比壬辰年的战争还要残酷

——

《显宗实录》，显宗 12 年［1671］

平均气温下降 2℃后带来的严寒

最近，全球变暖成了重要的话题，人们清楚地感到了地球的温度的变化。那么，过去的地球是怎样的呢？事实上，在过去地球也没有保持恒定的温度。我们都知道在遥远的过去有一段时期被称为在冰河时期（Ice Age）。在这一时期，地表温度较低，大陆很大一部分被冰层覆盖。而在冰河期和冰河期之间温度相对较高的时期称为间冰期（Interglacial Period）。在冰河时期和间冰期，地球的地表温度大约相差 7—8℃。

据科学家们推测，在过去的 100 万年间，冰河时期和间冰期每 10 万年左右交替出现一次。最后一个冰河时期出现在 11 万年前并一直延续到距今 1.2 万年前左右。人类开始定居生活，经营农耕和畜牧的新石器革命就是在距今最后一次的冰河时期结束后，天气开始变得温暖的时候发生的。

但是，即使是在间冰期，地球温度也经常发生暂时性的变化。历史学家认为具有代表性的事例就是被称为小冰河期（Little Ice Age）这一时期。虽然不同学者对小冰河期的时间划分有所不同，但大体上是指 1300—1850 年这一时间段。据估计，在此期间，欧洲和北美洲的平均气温比今天低约 2℃。从世界范围来看，气温比这还要低一些。大家可能会认为 2℃的温差并不大，但是这对人类的活动却有着巨大的影响。

图 1-28 显示了过去 2 000 年间地球的平均气温的变化情况。最引人注目的是从 20 世纪后半期开始，地球温度大幅度上升。我们正生活在这一时期，一个在过去 2 000 年间从未见过的急速上升期。这如实地说明了在历史上，气候危机（Climate Crisis）的出现是多么特别的现象。除了这一时期，地球的温度变化幅度大体上比较平缓。

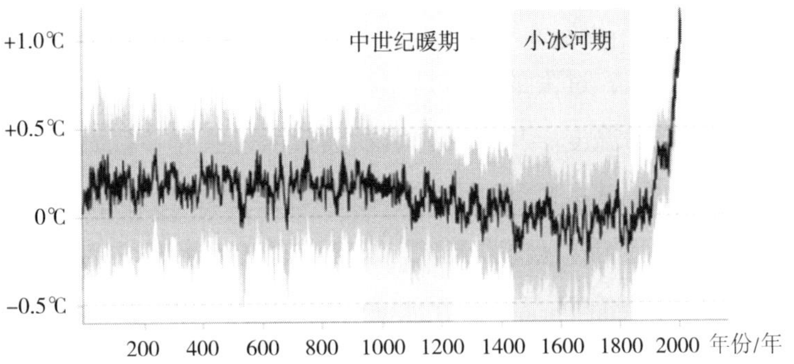

图 1-28　地球平均温度的变化和小冰河期
资料出处：Ed Hawkins ed.，‘2019 Years’，January30，2020；climate-lab-book.ac.uk（维基百科：‘Little Ice Age’）

但是，学者们对这一段时期却格外重视。在约 950—1250 年，这一时期被称为中世纪暖期（Medieval Warm Period）。从图表可以看出，虽然相比于之前，这一时期的温度有所下降，但是之所以称之为“中世纪暖期”，是因为在这一时期之后的地球温度开始下降。在 15 世纪中期，地球迎来了小冰河期，并在相当长的一段时间内温度持续维持下降趋势。直到 19 世纪，即工业革命时代到来以后，地球才结束了小冰河期，温度开始上升。

小冰河期和太阳黑子

对于小冰河期出现的原因，长久以来科学家们提出了各种构想。代表性的因素有地球的公转轨道、火山活动的影响、太阳黑子的周期、海洋循环的变化、人口减少等。其中最引人注目的是太阳黑子周期的构想。科学家们发现，在小冰河期间，1645—1715 年最为寒冷。在此期间，恰巧太阳黑子的周期突然发生了中断。人们通常认为，如果太阳表面出现的黑子减少，太阳会更加明亮，地球也会更加温暖。但恰恰相反，太阳黑子减少的话，可见光会变得更弱，紫外线也会减少。因此，许多人认为，在这一时期（科学家们称之为蒙德极小期）地球出现的低温现象是由太阳黑子活动的突然减少导致的。

长期以来，科学家们一直在研究太阳黑子的减少和地球温度变化之间的关系。其中研究手段之一就是利用碳同位素进行分析。在蒙德极小期，太阳黑子突然减少，14C 的水平也达到了最低值。于是，科学家们得出了结论，即：太阳黑子活动是影响小冰河期气温的核心要素。许多历史学家们对此表示赞同，并将科学家的这一结论视为有力依据。他们主张小冰河期气温下降与太阳黑子活动有很大关系，并且气温下降对当时的社会和经济产生了巨大影响。

反而享受寒冷到来的人们

地球气温下降对当时的人们产生了怎样的影响呢？当然，严寒和粮食不足给当时的百姓带来了巨大的痛苦。但是，并不是所有人都因气温下降而感到难过。当时的英国由于冬天气候较为温和，英国人很少有机会享受冰雪带来的乐趣，因此他们反而欢迎寒冷的到来。

小冰期后，冬天的泰晤士河结上了一层厚厚的冰层。不仅是人们，即使家畜和马车从上面经过也没有丝毫问题。这一时期，人们把泰晤士河称为“冻结的街道”。在冬天泰晤士河长期结冰的情况下，一些人开始打起了商机。于是，冰冻集市（frost fair）应运而生。人们没有把寒冷的天气只当作难以忍受的状况，而是把它变成了所有人都能享受的活动。

图 1-29　作者不详，《泰晤士河上的冰冻集市》，创作于 1685 年左右

图 1-29 描绘了 1684—1685 年人们举行冰冻集市的模样。我们可以看到，多栋临时建成的简易房排成一排，人们在冰上滑冰或乘坐马匹和雪橇在冰上嬉戏的模样栩栩如生。冰冻集市为伦敦市民在寒冷的季节提供了生机与活力，也为眼光敏锐的商家带来了可观的收入。

从荷兰移民到伦敦定居的名叫亚伯拉罕·洪迪乌斯（Abraham Hondius）是一位画技优秀的艺术家。他看到人们热衷于参加冰冻集市的场景，抓住了将自己的才能转化为商业价值的机会。他在泰晤士河畔观察并描绘了人们享受冰冻集市的情景，在回到家后用油画颜料上色。这对想要记住冰冻集市的游客们来说，具有很好的纪念意义。上面这幅画作便是出自这位艺术家之手。我们可以看到，在结冰的泰晤士河上，一顶顶帐篷被扎了起来，周围还有乘坐马车的大人、成群结队玩耍的孩子和滑雪橇的人。

图 1–30　亚伯拉罕·洪迪乌斯,《在寺庙台阶旁所作的画——泰晤士河上的冰冻集市》（*A Frost Fair on the Thames at Temple Stairs*），1684 年

也有人主张，小冰河期还对人类产生了意想不到的文化层面的影响。在过去的几个世纪里，斯特拉迪瓦里小提琴（Stradivarius）一

直被称为是最受专业小提琴演奏家青睐的小提琴。这种小提琴制作于300年前，美妙的琴声感动了无数小提琴制作者。于是，他们试图努力制作出与斯特拉迪瓦里音色相似的小提琴。遗憾的是，没有人能成功制造出这把小提琴。有人认为，斯特拉迪瓦里小提琴之所以能发出如此美妙的琴音，与当时的气候有很大的关系。即：由于小冰河期的树木生长缓慢，所以与气候相对温暖的时期相比，树木内部的密度更高，利用这种木材制作的小提琴能发出更深沉更锐利的声音。

此外，寒冷的天气也对服装设计产生了影响。研究服装史的学者称，为了应对寒冷的天气，出现了将纽扣排列得更加紧密的设计。并且，这种设计方式还延续到了后世。住宅的结构也发生了重要的变化。在这之前，大部分家庭都是将火炉摆放在家里的中间，呈开放型设计。但是随着天气变冷，越来越多的家庭在火炉上安装了烟囱。这一举措是为了减少火炉的热量消耗，提高燃烧效率使室内更加温暖。像这样，小冰河期对人类的生活产生了各种各样的影响，其中的一些变化还为人类带来了好处。

寒灾的危害和大饥荒

与喜欢小冰河期带来的好处相比，显然因严寒而饱受痛苦的人更多。首先，相比于之前，谷物的收获量下降。频繁发生的寒灾也给其他农作物的收获带来了巨大的损失。生活在阿尔卑斯山附近的农户因冰川增加而不得不放弃耕种和畜牧；在德国和丹麦地区，葡萄种植难以为继。其次，由于农产品价格的上涨，城市消费者不再愿意消费。不仅如此，购买取暖用燃料的费用增加也给家庭生活带来了不小的负担。虽然人们已经尽力地节省食物和取暖用的消费，然而现实却是无论怎么勒紧裤腰带节省开销，生活也没有好转的迹象，饥荒反而越来越严重。

其他产业未能幸免于难。除了英国和荷兰，就连处于气候相对温暖的威尼斯运河也因为经常结冰，导致船舶无法运行。格陵兰岛和冰岛的渔民甚至已经到了放弃渔业的地步，不少村落随着人口的减少，变得荒无人烟。真可谓是难以忍受的苦难时期。

有一种研究方法是通过研究当时死者的骨灰，以推测人们在小冰河期遭受了怎样的痛苦。历史学家们发现，当时人们的平均体格是过去两千年最小的。这是因为气候恶化导致粮食歉收，长此以往演变成了饥荒所致。而且在当时，对于营养状态不好的人来说，即使是普通的传染病也是致命的。在这些不良影响的相互作用下，小冰河期人们的生活水平史无前例地恶化。

图 1–31　彼得·勃鲁盖尔（Pieter Bruege），《雪中猎人》，1565 年
随着严寒冬天的持续，人们不得不忍受寒冷和艰难的生活

历史学家们为什么会关注小冰河期呢？不仅仅是因为小冰河期加重了贫困现象，历史学家还认为，小冰河期还有可能加剧了社会的不安定性，进而动摇政治体制，甚至演变成国家之间的武力冲突。历史书上出现的许多主要事件都曾受到了恶劣气候的影响。

事实上，在17世纪，世界各地都出现了大规模的饥荒。例如，印度发生德干大饥荒（1630—1632年），导致数百万人死亡；日本经历了宽永大饥荒（1640—1643年）和延宝大饥荒（1674—1675年）；韩国发生了庚辛大饥荒（1670—1671年）和乙丙大饥荒（1695—1696年）等史无前例的灾情。当时，许多人饿死后而横尸街头，并且因为无法及时处理尸体，致使传染病猖獗，进一步加重了人们的痛苦，甚至出现了多起人吃人的事件。

除了饥荒之外，在世界各地还发生了许多骚动、内乱和战争等改变世界的重要历史事件。例如，发生在欧洲大陆的宗教战争——三十年战争（1618—1648）、英国的清教徒革命（1640—1660）、中国明朝的李自成起义和清朝建立时发生的动乱（1641—1662）、法国的内乱——投石党运动（La Fronde）（1648—1653）、荷兰独立战争、欧洲各地的叛乱、奥斯曼帝国的叛乱（1622）、俄罗斯的斯捷潘·拉辛叛乱（Stenka Razin）（1670—1671）和日本的岛原之乱（1638）、朝鲜时期的仁祖反正（1623）、丁卯胡乱（1627）和丙子胡乱（1636）……此外，在17世纪的世界各地还发生了许多伤亡惨重的动乱。

事实上，历史学家们并不能没有将以上所提到的战争和骚乱事件全部归咎于气温下降。即使粮食持续歉收，如果具备适当的粮食供应系统和完善救济制度，或者国家具备从海外进口粮食的条件，统治者能够合理地制定应对方案，就能阻止社会向大饥荒的方向迈进。

像这样，历史的实际发展过程是非常可变的，并且很少有历史事件可以用简单的因果关系来解释。但是，这不意味着我们能完全无视经济困难和社会混乱，政治分裂和国际矛盾等通过多种方式相互作用的事实。也就是说，研究小冰河期的历史学者想告诉我们的是，从宏观角度来看，气候对人类历史产生了直接或间接的影响。

低温现象和女巫审判

那么，在小冰河期谁受到了最直接、最残酷的伤害呢？就像人类历史上曾发生过的无数危机一样，在小冰河时期，饱受饥荒和社会混乱的人们，开始出现了寻找替罪羊的邪恶想法。于是，人们将女巫当作了发泄口，被指认为女巫的人将面临各种可怕的刑罚。人们为了将女巫的痛苦最大化而无所不用其极。其中的残酷远超我们的想象。大部分人认为，反正无法避免死亡，还不如在遭受痛苦之前尽早结束生命。

历史学家的研究表明，气温下降与女巫审判的受害人数呈正比。也就是说，在低温现象明显的时期，女巫审判的现象最为频繁。当然，在小冰河期以前也曾发生过女巫审判事件。但是，进入小冰河期之后，猎巫的趋势明显增加。并且，在这一时期正式出现了认为气候变化与女巫活动有关的言论。女巫的活动导致了怪病的发生、女巫导致了家畜传染病的猖獗、女巫使奶牛无法产出好奶……不仅如此，还出现了女巫制造了恶劣气候的传言。特别是在低温现象尤为严重的1570—1590年，女巫审判最为频繁。

图 1-32　作者不详，创作于 1577 年

画中为女性被指认为女巫，正在接受拷问。我们可以看到用来折磨女巫的绳索、沉重的锤子、旋转器具等

被指认为女巫的人大部分都是经济状况贫困的女性，特别是失去丈夫独自生活的女性居多。在当时，她们是被排除在主流之外的弱者、是无法发出自己声音的社会边缘人士，却不幸地成了寻找替罪羊狂潮下的猎物。虽然当时天主教会主张女巫没有改变气候的能力，但是大众却并不这么认为。很多人坚信，是女巫导致气候恶化，生活变得艰难。

小冰河期的另一个替罪羊是犹太人。在黑死病时期已经惨遭大规模镇压的犹太人在这一时期再次经历了难以言状的痛苦。犹太人在背后暗自操纵传染病和饥荒的阴谋论不断扩散，无数的犹太人被无情地夺去生命和财产。部分犹太人因无法忍受残酷的镇压，逃到了其他国家。于是，表情无比沉痛的犹太人只得踏着沉重的步伐，移居到意大利、神圣罗马帝国、奥斯曼帝国等国家。

人们通常认为平均气温下降 1—2℃不会产生太大的影响。但历史却直观地告诉我们，事实并非如此。经济贫困和社会混乱、因低温而受害的人的悲伤和因此获利的人和喜悦交织在一起，有人埋头寻找替罪羊，有人却要因此受到残忍的攻击。从历史学家们的主张来看，世界史上出现的各种战争、内战、骚乱也可能与低温有关，这些无一不改变了我们以往的看法。

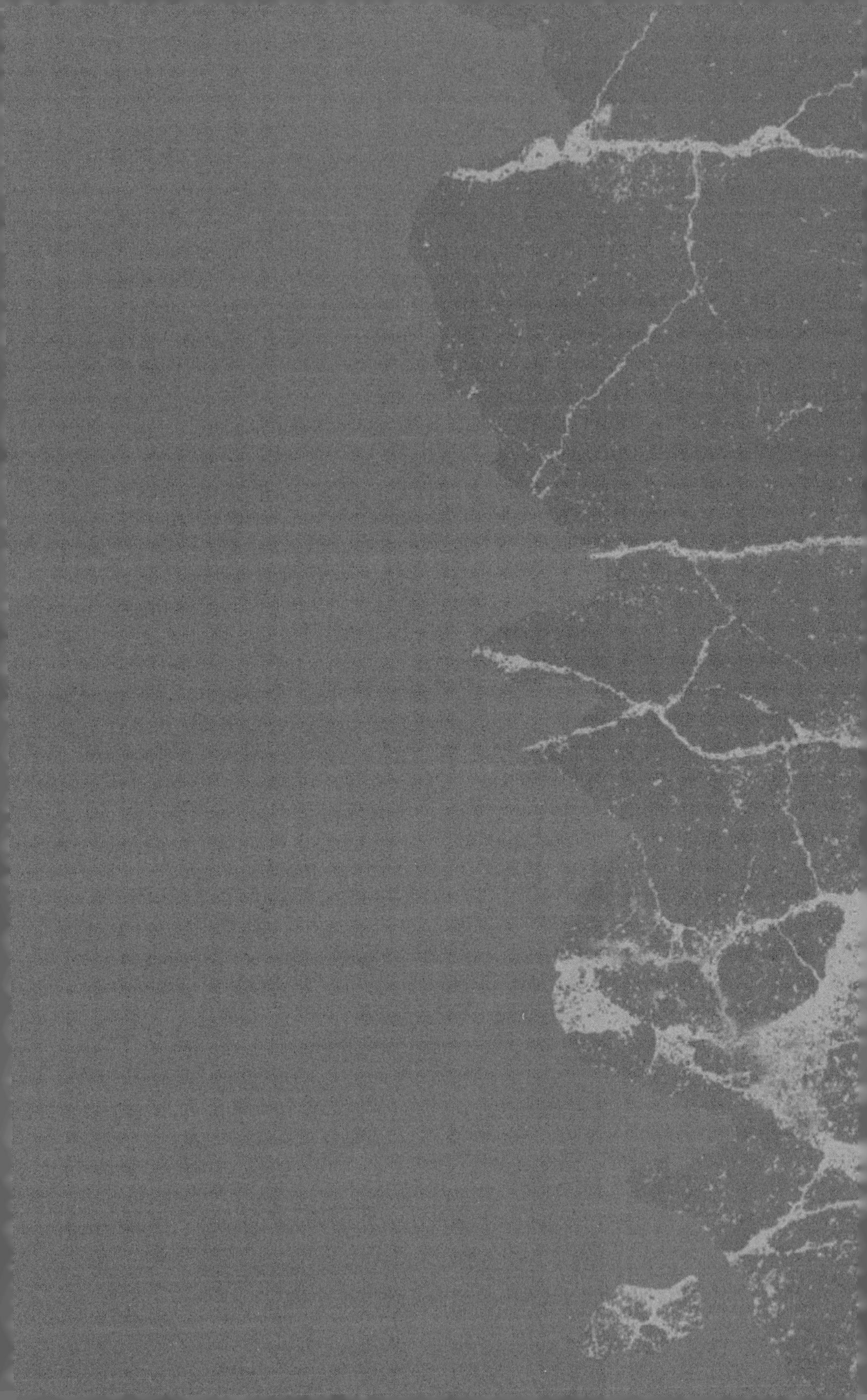

5

启蒙时代的提前到来：里斯本地震

如今，大自然

变得无比沉默，

即使我们提出疑问

也不会听到回答。

我们需要

能够与人类沟通的神。

——

伏尔泰

从宗教社会到世俗社会

近代初期以前，西方人主要从宗教的角度解释灾难。其中最典型的宗教解释为：如果人类选择了堕落和邪恶，并且在一定程度上丧失了对神的尊敬之心，那么，神就会降下残酷的灾难惩罚人类。但是，在经历了宗教改革和科学革命之后，人类对从宗教的角度解释灾难合理性的怀疑越来越大。渐渐地，出现了排除神的干涉，也能从其他角度解释灾难的新思想潮流。下面，让我们通过观察各国家公民的知识水平的变化趋势来具体了解这种变化过程。

占比 /%

国家	1575 年	1625 年	1675 年	1725 年	1775 年	1820 年	1870 年
瑞士			12	23	17	–	85
荷兰	44	49	58	65	74	67	81
丹麦	–	–	–	20	47	–	81
德国	–	–	26	62	50	65	80
瑞典	–	–	–	–	23	75	80
英国	11	15	30	36	50	53	76
法国	–	–	20	26	41	38	69
比利时	–	–	–	–	46	–	66
挪威	–	–	–	–	21	–	55
奥地利	–	–	–	–	21	–	40
意大利	23	–	–	–	22	22	32
西班牙	26	38	–	20	–	20	20
匈牙利	–	–	–	16	18	–	–
俄罗斯	–	–	2	–	4	8	15
土耳其	–	–	–	–	–	6	9

图 1–33　会书写自己名字的人口比率（百分比）1575—1870 年

资料出处：A'Hearn, B., 'The British industral revolution in a European Mirror', 2014, p.41.

许多历史学家认为，自 16 世纪宗教改革开始，整个欧洲地区的宗教信仰分布情况发生了巨大的变化。在这个过程中，人们的思考方式和知识体系发生了根本性的变化。让我们来看看历史学家的这种观点是否合理？如果合理的话，宗教改革时代的特征中哪些方面导致了这样的变化？首先，我们来看一下当时欧洲部分国家对于公民受教育程度的统计数据。

在 16 世纪以前，欧洲人的平均受教育程度一直处于相当低的水平。图 1–33 是在 1575—1870 年欧洲部分国家的公民会书写自己名字的人口比率数据。我们暂且以此作为衡量当时各个国家受教育程度的标准。在 1575 年被统计的国家中，荷兰的受教育程度最高，为

44%；英国最低，为 11%；其他国家则停留在 20% 左右。在 17 世纪以后，受教育程度出现了明显的增加趋势。以拥有大多数国家统计数据的 1775 年为基准，荷兰以 74% 居于最高水平，德国为 50%、英国为 50%、法国为 41%、比利时为 46%，均高于之前的统计数据。到了 1870 年，这些国家的统计数据进一步增高，达到了 66%—81%。

值得关注的是，与在宗教改革过程中坚持天主教的国家相比，选择新教的国家的公民受教育程度明显上升。以 1870 年为基准，各个国家公民受教育程度中排名靠前的国家大部分是瑞士、荷兰、丹麦、德国、瑞典、英国等新教影响力强的国家。与之形成鲜明对比的是，在法国、比利时、意大利、西班牙等天主教体制国家，公民受教育的增加程度相对较低。

那么，导致这种差异的原因是什么呢？在天主教中，神职人员充当着神和人类沟通的媒介。神职人员掌握着神的旨意，负责向信徒们进行说明并回答信徒们的提问。在受教育程度低、圣经价格昂贵的情况下，神父等神职人员在这种信仰活动中发挥着核心作用。

图 1-34　伽利略宗教审判事件很好地体现了科学革命与天主教的世界观之间的冲突

与之相反的是，新教强调信徒亲自阅读圣书，以寻求神的旨意展开信仰活动。因此，与强调神职人员是神和人类之间的媒介的天主教不同，新教将个别信徒须具备阅读和理解文章的能力视为必不可少的品德。从天主教和新教的这种差异中，我们可以明白为何在新教地区受教育程度的增加速度相对较快。

与宗教改革一起，促进人们理解世界的方式发生革命性变化又一事件还有科学革命。科学革命取代了中世纪的神学世界观，主张根据人类的合理性和经验，以新的方式构筑知识体系。特别是在自然科学领域这一倾向尤为突出。从约翰内斯·开普勒到艾萨克·牛顿（Issac Newton），在这一时期，许多科学家对宇宙提出了新的观点。然而，科学革命并不是少数的天才在一夜之间的灵感迸发。而是历经了约 3 个世纪的无数观察、实验和演绎得到的结果。正如牛顿所说的那样，科学家们正是站在了“巨人的肩膀上”，才能取得这些成果，并最终构筑了这座名为“科学革命”的金字塔。

勒内·笛卡尔（René Descartes）和弗朗西斯·培根（Francis Bacon）被评为确立科学研究方法论的人物。近代哲学之父笛卡尔相信，人类可以理性为基础，确立和积累正确的知识。笛卡尔的思想具有很强的机械论哲学性质。简单来说，笛卡尔认为所有自然现象都可以解释为粒子的运动和冲突。通过研究从古代到中世纪的悠久历史，笛卡尔从根本上批判了当时具有权威性的亚里士多德的目的论世界观，并提出了新的解释。从这一点来看，这具有非常重大的历史意义。

培根也摆脱了旧时的神学教条，强调通过合理的依据进行批判性的理解，这与笛卡尔的主张是一脉相承的。但培根强调以经验为基础进行观察的重要性，认为实验是知识的重要基础。他还主张，应该利用科学知识改善现实世界中人类的生活。在这样的价值观下，他强调，国家和社会应该积极支持科学家的研究，并建立有助于学术合作的组织。

巨大的精神革命时期

通过宗教改革和科学革命，旧时的宗教世界观被新的合理性世界观所取代。因此，可以说这是一场巨大的精神革命。这种变化不仅意味着人们看待自然的视角的变化，还意味着理解世界的方法以及认识社会制度和文化价值的态度的根本性转变。这种转变在识字群体中广泛扩散并形成了一定的体系，启蒙主义逐渐成了新的时代潮流。

在 18 世纪迎来全盛时代的启蒙主义究竟是什么呢？简单来说就是对人类合理性的信赖达到了最高潮的思考体系。德国的启蒙主义代表性思想家伊曼努尔·康德（Immanuel Kant）曾说："大胆地去求知吧！鼓起勇气发挥你自己的智慧吧！"可以说这句名言蕴含着启蒙主义的精髓。这句话饱含了将理性广泛地运用到人类社会，给世界带来进步的进取性精神态度。

历史上，启蒙主义想要战胜的对象是代表中世纪社会的秩序。即封建政治权力、身份等级、过度的教会权威等。启蒙主义者将傲慢、偏见、独断、蒙昧、疯狂、迷信等视为中世纪掌权者向世界挥舞的"利刃"，并不断试图削弱这些武器的力量。他们将"理性之光"作为自己的新武器，为实现创造新世界的梦想倾注了全部力量。

图 1-35　莱昂纳尔·德弗朗斯（Léonard Defranc'e），《密涅瓦的盾牌》（*A l'égide de Minerve*），1781 年
从欧洲各地运来的邮件体现了启蒙主义时代知识的广泛传播程度

启蒙主义时代之后，人们看待灾难的态度与过去有了明显的不同。人们开始批判“愤怒的神降下了灾难”这一观点。为什么灾难不是针对特定的某个人，而要令这么多人饱受痛苦？为什么像小孩子一样没有犯罪的群体也会在灾难中丧生？为什么在非基督教地区也会发生灾难？灾难停止的话是否代表神的怒气平息了呢？渐渐地，人们不再将神的意志视为灾难发生的主要原因，而是像上述疑问一样，试图从其他的角度对灾难的意义做出解释。

图 1-36　图为正在传播诗和思想的德国启蒙主义者们。右边站着的是著名的思想家——康德

在这一期间积累的与地球和天体相关的自然科学知识、无数次实验后被验证的自然破坏力、以经验为基础，并通过演绎分析得到的灾难发生过程……过往的这一切催生了人们对灾难的新认识。如果以往的解释和新的解释发生冲突，哪种解释能更好地说明过去的灾难？哪种解释能更好地预测未来的灾难？对此，人们进行了深刻的讨论。于是，在经历思想的碰撞后，人们不仅对灾难发生的原因有了进一步的理解，而且对发生灾难后，如何应对灾难、灾难后如何重建社会等问题也形成了新的见解。换句话说，人类对自然和社会的思考发生了根本性的变化。

在这场争论中，被提及的最具代表性的灾难事例是 1755 年在葡萄牙里斯本发生的大地震。在讨论这场灾难之前，让我们先来了解一下现代科学是如何解释地震的发生的。

令人毛骨悚然的地震破坏力

地震是人类在地球上最常遇到的地质灾难。据悉，全世界每年都会发生 100 万次左右可被感知的地震。其中大部分的地震强度较低，小规模地震发生时，人们仅仅是感到身体晃动或桌子上的杯子掉下来。但是，有些地震的破坏力非常大，甚至会引发灾难。例如，2011 年在日本东北部地区发生的地震所产生的能量相当于第二次世界大战时美国向日本广岛投射的原子弹能量的6亿倍。地震爆发的瞬间，太平洋板块向西北方向移动了 50m 左右，俯冲到了日本所在的地壳板块下方。这场地震立即夺走了许多人的性命，随后地震引发的海啸还袭击了日本海岸，共造成了 1 万 8 千多人丧生。受到此次灾难破坏以及完全坍塌的建筑物达 40 万栋，超过 40 万名的灾民失去了家园。

地震的震感由三个因素决定。即：地震的规模、距离震中的距离、土壤和岩石的条件。今天，我们广泛使用的地震震级测量法被称为矩震级规模。这种测量法弥补了 20 世纪 30 年代开发的里氏震级的不足，20 世纪 70 年代开发的矩震级测量法通过用绝对值显示地震的实际释放能量。矩震级通常简称为“Mw”。6 级地震与 5 级地震相比，震动高了 10 倍，释放的能量高了 32 倍。而 7 级地震释放的能量与 100 万吨火药爆炸产生的威力相似。

此外，地震还会引发其他的自然灾害。如果发生地震，首先地表会发生破裂，并造成地基摇晃。但是，如果相关地区存在活动断层，地震的破坏威力只会更大。1906 年在美国旧金山发生的 7.8 级强震使地壳板沿着圣安地列斯断层水平错开 6.5m。这场地震发生后，无数的生命瞬间凋零，道路、建筑物、水坝、隧道等接连受损。

地震还可能会引发液化现象。如果在1万年以内的堆积层地带发生5.5级以上的地震，沙层就会变成沙子和水的混合状态，出现液态化现象。地震波经过时产生的震动会使水压增高，使沙层变得像“汤”一样。在日本发生的多次地震中，就曾出现过整个建筑物像人滑倒一样倒塌的现象。

图1-37 图为1964年日本新潟地震发生时，因液态现象导致整个建筑物倒塌
©Sam1353

山体滑坡也是地震引发的灾害之一。地震产生的泥石流会袭击道路或村庄，堵塞河流形成所谓的“地震湖”，日后如果泛滥成灾还可能会引发洪水。此外，地震还会引发火灾。特别是在人口密集的城市，煤气管道、电线、暖气装置被破坏的话，容易引发火灾。如果发生地震，交通就会陷入瘫痪，消防设施也会受到损害，在这种情况下，人们很难有效地应对火灾。因此，地震引发的火灾极有可能造成巨大的损失。例如，在1906年旧金山发生地震时，火灾造成的损失占总损失的80%。

最后，地震还会冲击房屋并损坏卫生设备。水管和下水道被破坏后，造成水污染。在这种情况下，孤立无援的居民们很容易感染疾病。

与地震密切相关的现象还有海啸。海啸是指在海底发生的地壳变动导致水面产生巨浪的现象。在历史上，人类曾经历过多次大规模海啸。例如，1886 年印度尼西亚沿岸发生火山爆发后，山体向海面坍塌引发了 35m 高的海啸，造成 3 万多人失去生命。1960 年，在智利发生了 9.5 级大地震，地震引发的海啸不仅袭击了附近地区，甚至横穿太平洋到达了夏威夷，造成 61 人死亡。

图 1-38　2004 年，海啸袭击了泰国甲米府的一个度假村
上图捕捉到了海啸来临时人们惊慌失措的瞬间

进入 21 世纪后，也曾发生过破坏力巨大的海啸。2004 年，在印度尼西亚发生的 9.1 级苏门答腊地震是近 40 年来发生的最大规模地震。这场地震释放出了巨大的能量，随后引发了海啸，并席卷了印度洋全境。不到 2 个小时，海啸就到达印度和斯里兰卡，造成至少数千人死亡。7 小时后，海啸抵达非洲东部海岸，同样造成了人员伤亡。特别是这次海啸对泰国在内的东南亚旅游地区造成了巨大的打击。这场灾难不仅造成了重大人员伤亡，还摧毁了旅游产业基础。在之后的很长时间内，给受害国家和地区造成了巨大的经济损失。

印度尼西亚海啸带来的整体损失是巨大的。据统计，多达 23 万人失去了生命，数十万人受伤，数百万人受灾。在警报体系不完善的东南亚和印度洋地区，因海啸遭受的损失是难以逆转的。

自有记录以来
欧洲最强烈的地震

1755 年在葡萄牙的首都里斯本，地震这一自然灾害和启蒙主义思想发生了碰撞。自大航海时代以来，葡萄牙一直享受着开拓印度航线带来的果实。从亚洲传入的各种产品不仅在葡萄牙国内受到好评，还畅销到欧洲各国。印度纺织品、中国茶叶、东南亚产香料以及非洲出身的奴隶经由葡萄牙商人的手交易到各个国家。里斯本作为当时世界上数一数二的贸易港，繁荣无比。但是在当时的社会，天主教会仍然具有强大的支配力。在中世纪期间，为了驱逐在伊比利亚半岛的伊斯兰势力，展开收复失地运动的国家、经教皇批准建立的国家、在宗教改革中积极维护天主教的国家所遗留下来的历史特征至今经久不衰。

特别是在宗教改革过程中高举反宗教改革的旗帜，并持战斗态度的耶稣会之后在伊比利亚半岛的宗教和社会中占据了支配性地位。在耶稣会占据优势的社会里，比起灵活地接受世界的变化，人们更倾向于在传统的解释中寻找答案。在 1609 年，由伊斯兰教改信为天主教的摩里斯科人被西班牙驱逐出境。多达 30 万名的摩里斯科人被驱逐后，他们赖以生存的农业和商业受到了巨大的打击。

改变信仰的犹太人也同样受到了怀疑。耶稣会经常以“不能成为真正的天主教徒”为由对其进行迫害，还将他们交给了宗教审判

图 1-39 1613 年，文森特·莫斯特雷（Vincente Mostre）在画作中描述了被驱逐的摩里斯科人

所处置。耶稣会希望市民们继续遵循教会的教诲，按照教会的意愿形成世界观。此外，再加上当时的教育部门由耶稣会控制，因此人们的世界观很难发生改变。于是，在 18 世纪，相比于周边快速发展的竞争国家，葡萄牙的发展陷入了迟滞状态。

1755 年 11 月 1 日是天主教的节日——万圣节（意为所有圣人的节日）。当天，葡萄牙人却遭遇了惨绝人寰的惨案。上午 9 点 40 分，很多人聚集在教堂举行弥撒，突然间人们感到地面一片晃动，很快墙壁上出现了裂缝，天花板上的各种装饰品纷纷掉落。然而，事态并未就此平息。随着墙壁倒塌，屋顶瞬间化作碎片并砸向地面。许多人被埋在倒塌的建筑物里，而幸运逃此一劫的人们则在恐惧下惊慌地跑出了建筑物。走上街头一看，路中央出现了足足几米宽的裂缝。

其他建筑物也因这次地震遭到了破坏。特别是江边的宫殿、皇家档案库、教堂等排列密集的建筑遭受了巨大的损失。因害怕而哭

图 1-40　里斯本地震发生的瞬间，版画作品，1755 年

喊的人们、在家人的尸体前痛哭的人们、迫切寻找失踪的家人的人们……到处可见的凄惨景象，简直像人间地狱一般。

逃到街上的人们为了寻找安全的地方，纷纷向位于特茹河下游的码头方向涌动。但是，意想不到的事情发生了。海水暂时退去后，紧接着掀起了巨浪。从未见过的巨大海啸瞬间将很多人卷入海里。大部分人在猛烈的波涛中丧生或失踪，只有拼命逃往高处的人才捡回了一条生命。然而，在海啸发生后，灾难并未结束。紧接着，可怕的火灾又使许多建筑物化为灰烬。在海风的“助虐”下，烈火持续了 5 天之久。

图 1-40 是一幅描写里斯本地震的版画作品。这幅版画从海面的角度描绘着灾难发生时城市的模样。我们可以看到，许多艘船上搭载着逃到大海避难的人，船只在海啸中失去了重心，危险地颠簸着。城市中的建筑物被火焰和烟雾笼罩。无论是陆地还是大海，都如地狱一般可怕，人们无处避难。

地震、海啸和火灾接连发生，造成了巨大的人力和物力损失。

据历史学家推测，当时里斯本的人口约为 20 万人，其中有 1 万—10 万人因此丧生。之所以很难确定死亡人数，主要是因为当时政府没有进行系统的人口统计。此外，当时政府为了防止瘟疫的发生，选择了尽快埋葬尸体和水葬。再加上大地震过后，许多人搬到了其他地区，推算出准确的死亡人数更是难上加难。

不论如何，这场灾难过后，在里斯本很多人失去了生命是不可否认的事实。并且物质性的损失也是不可计量的。在里斯本，约有 85% 的建筑物被摧毁，其中收藏着珍贵史料的王室档案馆也在这次灾难中化为废墟，馆中收藏着曾引领大航海时代的瓦斯科・达・伽马（Vasco da Gama）的探险记录。此外，宫殿也在此次地震中被破坏，里面的 7 万多本珍贵的藏书、提香・韦切利奥（Vecellio Tiziano）、彼得・鲁本斯（Peter Rubens）等伟大画家所画的作品也一同被烧毁。如此宝贵文化遗产毁于一旦，这对当时的葡萄牙人以及全人类来说都是非常可惜的。最近的一项研究表明，地震产生的损失相当于当时占葡萄牙国内 GDP 的 32%—48%。

地震不仅为里斯本带来了灾害，在里斯本的南部地区也受到了更大的破坏。地震的冲击波摧毁了城市、港口、城墙和塔，引发的海啸到达了内陆 150m 左右的地区。

今天的研究表明，在葡萄牙西南方向的 200km 左右的大西洋海底是此次地震的震源。曾导致维苏威火山喷发的地壳活动，即：非洲板块推挤欧洲板块的力量在约 1 700 年后，再次在这里复苏。据科学家们推测，当时袭击里斯本的地震强度为 8.5—9 级。这是自有记录以来，欧洲发生的最强烈的地震。

当时发生的海啸不仅袭击了欧洲的西海岸，还袭击了非洲的西北部海岸。据估计，仅摩洛哥海岸的死亡人数就接近 1 万人。海啸对

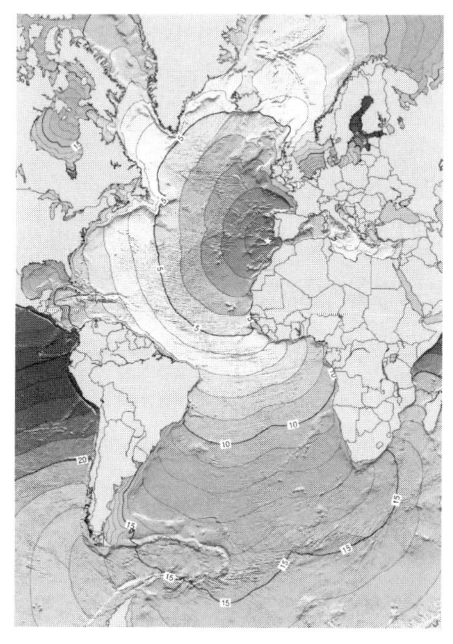

图 1–41　图为推测里斯本地震发生时引起的海啸传播速度的模型地图 ©NOAA's NGDC.

北欧和地中海沿岸也产生了强烈的影响。紧接着海啸越过了大西洋，到达了美洲。据记载，西印度群岛发生了高达 7m 的巨浪。

图 1–41 的图片是现代科学家重新演绎的海啸扩散过程。横跨大洋的海啸移动进程以不同时间段的形式表现出来。在没有任何准备的情况下，难以想象突然袭来的海啸有多么恐怖。

传统解释
和启蒙主义的冲突

饱受这场史无前例的大灾难的人们是如何看待这一事态的呢？当然，大部分的灾民还是以之前耶稣会的教理理解这场灾难的。即：

这是神对堕落和放纵的人类的惩罚。恰巧在很多人举行弥撒这一重要的天主教庆典之际发生了地震，这似乎为这种解释提供了依据。不仅如此，很多天主教会建筑物发生了坍塌，似乎也印证了这种解释的合理性。因此，人们认为，神之所以降下这场天灾，是为了给那些缺乏信仰的人一个惨痛的教训。并且，人们还坚信，能够避免再次发生灾难的方法只有在十字架前真诚地悔改与祈祷。

图 1–42 的画作如实地反映了当时大众对这场灾难的看法。这幅画为画家若昂·格拉马（João Glama）所作，描绘了被地震破坏的城市面貌。我们可以看到屋顶坍塌的建筑物、被火焰包围的建筑、停放在广场上的尸体和在他们面前仿佛失去了灵魂失声痛哭的市民、召集人们进行说教的神职人员、将倒下的十字架重新竖起来的市民们……画中最令人印象深刻的部分是天上的天使们，这些天使们拿着刀，强烈地向人们传达着地震是神降下的“天刑”的信息。

不过，并非所有人都接受了这种传统的解释。虽然当时耶稣会的影响仍旧很大，但是启蒙主义思潮正在扩散。葡萄牙国王若泽一世（José I）很幸运地在这次地震中免于一难。但是，若泽一世却患上了幽闭恐惧症，只要进入建筑物里面，就会不自觉地感到害怕。因此，若泽一世只能居住在山坡上的亭子和帐篷里。若泽一世任命了蓬巴尔侯爵（Marquês de Pombal）若泽·德·卡瓦略（José de Carvalho）为首相，并赋予他处理灾后重建的权力。若泽一世曾问卡瓦略该如何善后，卡瓦略平静地说：“把死者埋起来，给活着的人食物就行了。”

图 1-42　若昂・格拉马,《1755 年的地震》(*O Terramoto de 1755*),1756—1792 年左右

很早以前，卡瓦略就对启蒙主义有所关注。作为地主的后裔，卡瓦略凭借良好的人际关系被任命为驻英国大使，在伦敦驻留期间研究政治学和经济学。之后又在奥地利进修自身外交水平。1749 年，回到葡萄牙的卡瓦略目睹了当时葡萄牙存在的旧习，感到失望的他决心帮助祖国走上近代化的道路。在国王的支持下，他设立了中央银行并保护各种产业，为实现复兴倾注了心血。在他看来，葡萄牙要想实现近代化，实现社会的世俗化已刻不容缓。他认为，只有将由耶稣会掌控的教育部门世俗化，才能培养新思想的人才。最终，他成功地削弱了耶稣会的力量，并成功将大学从耶稣会中独立出来。为葡萄牙社会构建新的知识基础做出了重要贡献。

在当时，卡瓦略面临着如何重建已经化为废墟的里斯本这一难题。他仔细地逐级检查了重建所需的事项。首先，他下令不许身体无恙的居民离开里斯本，并命令他们清理残骸，建设灾民居住的避难所。他还紧急准备了能够收容患者的设施。为了防止出现掠夺资源的现象，卡瓦略还命人还搭建了绞刑架，以警示人们。

在较为紧急的问题得到了一定程度的解决后，他开始了城市重建这一根本性的任务。卡瓦略整修了道路，重新建造了建筑物。他认为，应建造能够抵御地震危险的建筑物。于是，他制作了建筑物的缩小模型，让士兵们在四周跺着脚行进。以模拟建筑物能承受多大程度的震动。在当时的条件下，他用最科学的方法构想了城市重建计划。

图 1-43 改革家卡瓦略的肖像，1766 年
画中卡瓦略后面描绘了耶稣会被驱逐的场景

卡瓦略作为启蒙主义者，并不止步于此。他还向所有教堂发送了调查问卷，进行了缜密的调查。主要问题如下：

- 地震是什么时候开始的，持续多久了？

- 地震发生时，是否感到在某一特定方向的冲击力更大？建筑物是否向某一特定方向倾斜？
- 有多少人死亡？是否有重要人物死亡？
- 海水先升高还是降低？比平均海平面升高了多少？
- 火灾持续了多久，造成了多少损失？

这些问题反映了卡瓦略为了获得客观、科学的证据所付出的努力。实际上，这项调查具有重要的价值。通过调查能够避免受外界夸张的谣言和虚假新闻的干扰，了解大地震的真实情况。不仅如此，如今的历史学家们也是得益于该项调查，才能够重新了解当时地震的具体情况。

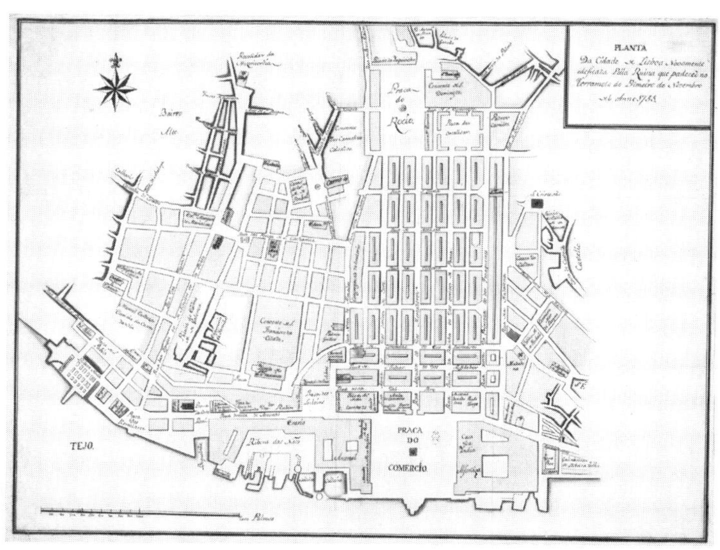

图 1-44　卡瓦略构想下的里斯本新市区规划图，1755 年

如何看待自然灾难?

里斯本地震不仅引发了地质学上的巨变，还改变了整个欧洲对灾难的认知。在如何看待自然灾害这一问题上，人们出现了史无前例的巨大的分歧。

在当时的欧洲，启蒙主义思潮在许多国家广泛传播开来，在葡萄牙国内的影响力则次之。尽管如此，在许多国家和地区，宗教的影响力仍然占有一席之地。很多人乐观地认为，神作为造物主对世界具有正面的影响。也就是说，神让这个世界变得善良。因此，人们普遍认为世上所有的邪恶也都包含神的意图。这种观点由德国哲学家戈特弗里德·莱布尼茨（Gottfried Leibniz）提出。他主张这个世界上只有神是完整的，其他所有的“被造物”都是不完整的。神是无所不能且善良的，在无数个不完整的可能世界中选择了最好的世界。因此，我们所生活的现实世界是可实现的世界中最好的一个。神正论中的观点如下:“存在邪恶的世界”可以与“神创造的尽可能实现协调的世界”并存。换言之，在神以最高意图创造的世界里发生灾难，并不矛盾。

法国思想家伏尔泰作为启蒙主义的代表人物，在听到里斯本地震的消息后悲痛万分，并正面批评了神正论。如果说这个发生了里斯本地震的世界是最好的世界，那么其他的世界是什么样子的？在妈妈怀里死去的孩子又犯了什么恶行？我们如何能一边相信神致力于给世间带来大善，却在现实世界中允许邪恶的发生这一观点呢？在地震发生的1755年，伏尔泰发表了《咏里斯本灾难》，让我们来看一下其中的一部分内容。

您何以如此说？

“这是永恒法则的效果，自由善良的神只能如此选择。”

看着堆积如山的牺牲者们，

您何以如此说？

“这是神的审判，他们的死亡是所犯下的罪恶的代价。”

他们犯了什么罪？做了什么恶？

被母亲抱在怀里的鲜血淋漓的孩子。

里斯本的邪恶，

难道比伦敦、比巴黎更邪恶？更沉迷于这可疑的欢乐中吗？

继伏尔泰之后，另一位启蒙主义哲学家让——雅克·卢梭（Jean-Jacques Rousseau）也发表了自己的看法。和传统的观点一样，他认为，一切痛苦都是有目的性的。此外，卢梭还主张灾难是人类远离原本平和的自然，建设城市导致的。他指出，由于人类不断涌入城市，建造了密集的建筑物并居住于此，才造成了大规模的地震损失。换句话说，他认为人类按照自身的意志进行城市化，并不断堕落，故而引发了灾难。此外，卢梭还主张：“与广阔的宇宙秩序相比，每个人的痛苦都是微不足道的，因此无法通过灾难了解神的旨意。”卢梭认为，以往否定神正论的根据是不充分的。

本书将不对在神学的角度下，应如何判断这些哲学家的理论，以及这种争论将哲学引向了何种方向等进行讨论。作者想强调的是，这些有名的启蒙主义者们就大地震这一灾难，是否包含着神的意图展开了争论。人们不再默认“灾难是上帝降下的天刑”这一旧宗教解释。为什么世界上会发生灾难、灾难的对象和范围是如何决定、向谁追究灾难的责任……这一系列问题在文人之间进行了深刻的争论。从这个意义上来看，里斯本地震在世界心态史学上具有重大历史的意义。

图 1-45　从左到右依次为莱布尼茨、伏尔泰、卢梭

减少地震灾害的方法

现在让我们从 18 世纪穿越回现代吧。到目前为止，我们观察了地震这一自然灾害。如今，再也没有学者将神的旨意视为引发地震原因的核心因素。可以说，人类对地震的看法经历了革命性的变化。

但是，值得注意的是，在今天讨论地震时，有一点是不可忽略的。即：并不是所有的地震都是由自然力量引起的。在建造水库或大坝后，由于负荷增加，可能会引起地震。不仅如此，核爆炸试验也会引起地震。据韩国专家推测，在 2010—2020 年期间，朝鲜曾在咸镜道一带进行过多次地下核爆炸实验，增加了包括长白山及附近地区的地震危险。此外，专家们还认为，2017 年在韩国浦项发生的 5.4 级地震是附近进行的地热发电站建设工作导致的。

无论是自然力量引发的地震，还是人类行为引发的地震，我们都应该提前做好应对准备。在发生地震时，还应熟知避难要领。如果感觉到震动，首先要躲在结实的桌子下面。如果震动停止，就要向建筑物外移动。要关上煤气阀门防止火灾的发生；通过手机等通信设备及时收听政府的指示；平时在急救包里备好简单的医药品，并放在玄关处。“像实战一样演习，像演习一样实战”这一口号不仅适用于运动，也同样适用于应对灾难。

图 1-46　位于中国台湾地区的台北 101 摩天大楼内部安装的抗震装置能够缓解建筑物晃动
©Armand du Plessis

但是，仅靠个人的努力降低地震带来的损失是杯水车薪的。就像“害死人的不是地震，而是建筑物”这句话一样，减少损失的最重要方法是改善建筑物的质量。建筑物应按照相关法律法规做好抗震设计，并保证如期施工和监管力度。此外，构建完善的警报体系也很重要。由于地震发生后，在短时间内便会造成巨大的危害，因此要构建能够准确、迅速地传达信息的体系。地震保险的必要性也日益凸显。韩国在庆州和浦项发生地震后，虽然人们开始犹豫是否有必要购入地震保险，但与其他种类的保险相比，地震保险显然还未充分引起人们足够的关注。

纵然地震的发生是不可避免的，但地震发生后，我们却可以通过自身的努力将损害最小化。从这个角度来看，并不是所有的灾难都属于“天灾”，部分灾难还具有“人祸”的属性。

第二部
人类酿成的惨案：人为灾难的时代

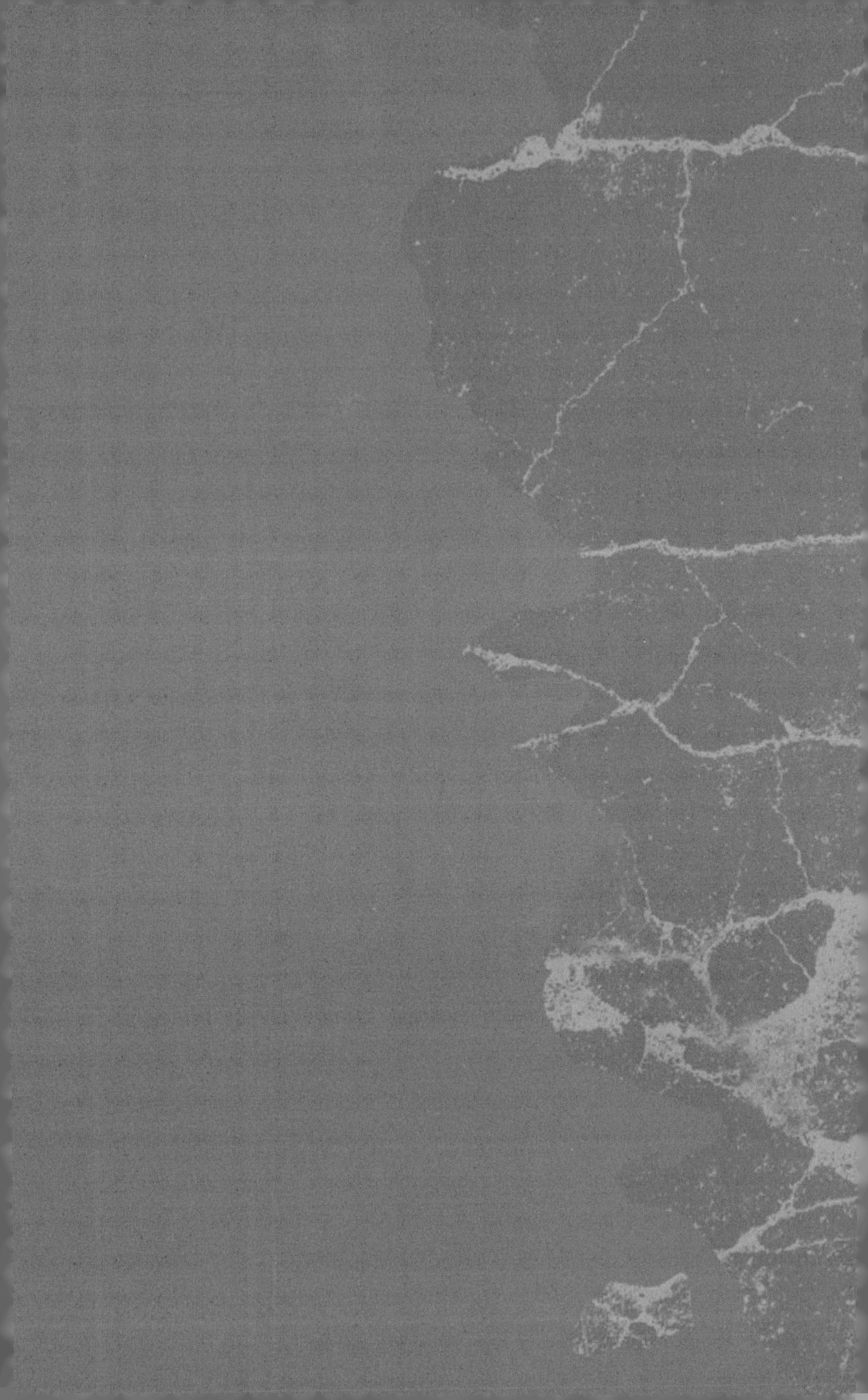

6

被阴暗所笼罩的死亡阴霾：煤炭业的灾害

教育孩子

最好的年龄是在六岁。

这是训练的好时机。

——

烟囱清理工乔治·鲁夫（George Ruff）

城市化和煤炭的登场

在工业革命之前，人类就已经开始使用煤炭。例如，中国早在宋朝就已经广泛使用煤炭。特别是历史学家们还强调，在古代煤炭就已经被用于冶炼业。随着煤炭使用范围的扩大，铁和铜的冶炼技术不断得到完善，农具的性能得到了提高。这不仅提高了农业生产效率，还促进了武器的革新与发展。

煤炭正式投入使用与近代的城市化进程有很大关系。例如，从17世纪开始，英国各地的城市得到了快速发展，在1600年，人口超过5 000人的城市仅有20个。到了1700年，快速增长到了31个。

其中，伦敦拥有 57 万人口，这在整个欧洲都是难以望其项背的。城市的快速增长意味着建筑物数量的大幅度增加，这同时意味着烟囱数量的再次暴增。

图2–1　古斯塔夫·多雷（Gustave Doré），《乘坐火车穿过伦敦》（*Over London-by Rail from London*），1872
在伦敦的街道两侧，密密麻麻的房屋上面，烟囱正在排放着烟气

在 17 世纪后期和 18 世纪，英国新建了许多住宅。在这一时期，用砖头建造房屋的方式尤其流行。而在 1666 年，一场伦敦的大火则成了重要的转折点，在这场大火中多达 1.3 万栋房屋被烧毁，7 万人失去了家园。由于需要建造大量的新房屋，政府制定了重建房屋的相关法律，并对建筑材料和建筑物的结构进行了管控。在新法律中，对砖头的厚度、天花板的高度等进行了新的修改。大火灾过后，建筑物数量激增，使用煤炭作为燃料的房屋比率大幅度提高。当时，不仅是英国，整个欧洲对木材的需求不断增加，森林面积明显减少。这导致了木材价格的上涨，柴火供应逐渐紧张。

因此，以煤炭为燃料的房屋比率迅速增加。英国的煤炭储量丰富，以较低的成本能够购入大量的煤炭。实际上，在 18 世纪中期英国进行工业革命对煤炭的产业需求激增之前，煤炭就已经成了家庭的必需品。

清洁烟囱的童工

要想使用煤炭作为燃料，便需要房屋具备把烟气从室内向外顺畅地排出的结构。为了符合这种结构，烟囱的直径比过去更小。问题是，这样较窄的烟囱不断使用的话，很容易被烟灰堵住。如果不及时清理烟灰，不仅房屋的排烟效率会降低，烟灰中的热气还可能会引发火灾。因此，人们需要定期清扫烟囱内部的烟灰。于是，烟囱清洁工成了城市生活中不可缺少的职业。

烟囱的数量和形状因个别房屋的结构或位置不同而有所差异。有的烟囱呈弯曲状，有的烟囱内部十分狭窄，直径只有 30cm 左右。狭窄的结构使得成年人无法灵活地清理内部的烟灰。因此，孩子们逐渐担任起了负责清扫烟囱的工作。图 2–2 为结构最复杂的烟囱设计。值得注意的是，即使是当时改良后的清理工具，也无法清理上图白金汉宫干燥室内的烟囱。因此，这种烟囱设计可谓是“臭名昭著”。人们发明出用于清理烟囱的工具并进行销售，大部分清理工具为长棍形状，末端带有刷子。但是，这些清理器具只适用于直线型烟囱，而烟囱弯曲部分堆积的烟灰却无法清理。据推测，在 19 世纪初期，伦敦的烟囱清洁工约有 1 000 人，全国为 3 000 人左右，其中儿童约为 70%。

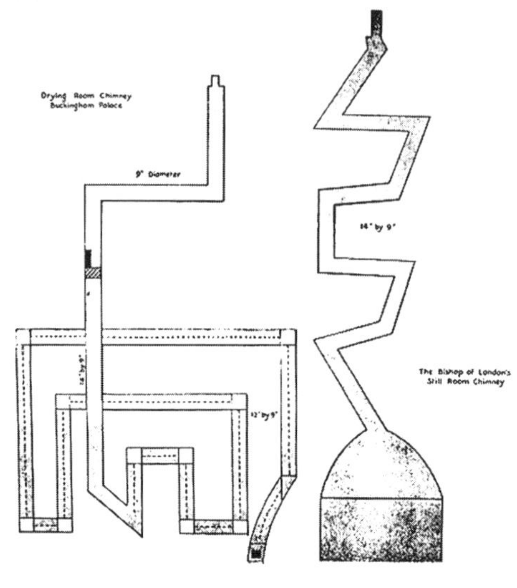

图 2–2　有的烟囱的清理难度非常之大。左图中，为了使宽敞的墙壁受热，白金汉宫干燥室内的烟囱故意设计成了复杂的形态

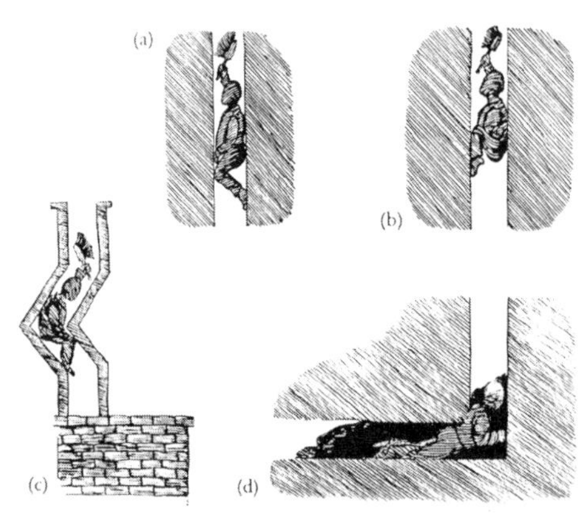

图 2–3　孩子们清扫烟囱的方法。(a）基本姿势，(b）上下移动清理，(c）清理弯曲的烟囱的方法，(d）清理直角部分堆积的烟灰时，很容易发生事故

图 2–3 为当时孩子们在狭窄的烟囱里工作的场景。在清理竖直的烟囱时，肩膀、胳膊肘、腰、膝盖、脚尖需要依次用力、松力。为了能够在一定的移动空间内进行作业，需要反复的训练才能熟悉清理动作。在烟囱弯曲的情况下，需要更高的技巧移动身体。并且，

烟囱直角弯折的部分非常危险。长时间堆积的烟灰或在清扫过程中掉落的烟灰可能会堵住拐角，对孩子造成致命的威胁。

在烟囱里上下爬行、清理并掏出烟囱内部的烟灰不仅辛苦，而且还伴随着危险。如果空气流通不畅或衣物缠在一起勒住脖子的话，还可能会引起窒息。在进行作业时，由于烟囱处于发热的状态，还面临着被烫伤的风险。如果中途烟囱断裂发生倒塌的话，孩子们就会随着烟囱摔到地上，对身体造成严重的伤害。即使幸运地没有发生重大事故，清理烟囱的孩子们也不可避免地带着大大小小的伤病生活。让我们来看一下这段描述当时 6 岁的孩子状态的文字。

当时的状况令人心痛不已。孩子的胳膊肘和双膝、背部、手指、脚趾、脚背及身体的其他几个部位发生了溃烂。他的后脑勺也肿了，看起来像是碰到了烟囱引起的烧伤，伤口处已经溃烂。不仅如此，孩子的背部也伴有划痕，头部有瘀伤，这是被掉落的烟灰块击中导致的。如果不是知道那个孩子是做着清理烟囱的活计，我会认为是有人想杀了他，把他推到了烟囱里造成的。

除此之外，有关当时清理烟囱的孩子所遭受的灾害记录数不胜数。长期背着沉重的烟袋而导致的畸形、事故导致的手臂截肢、胯部发生的癌症、因营养不足引起的发育不良和衰弱、长期暴露在恶劣环境导致的胸部疼痛、烟灰进入眼睛后引起的视觉障碍……

恶劣的劳动环境和居住环境也成了滋养事故发生的土壤。烟囱清扫工匠的残酷对待，使得孩子们面临事故和疾病的可能性进一步提高。再加上恶劣的居住条件，对患病工人来说无异于雪上加霜。在当时，社会并没有形成对童工的监督和保护的基本体系。这是一个没有专业的调查人员或社会福利师、没有人指出劳动条件和待遇存在的问题、在遭受灾害后得不到任何建议和协助的粗暴又野蛮的时期。

图 2–4　托马斯·罗兰森（Thomas Rowlandson），《底层人民的特征系列》，1820 年

图为伦敦的烟囱清洁工们。大人和孩子们排成一列，边走边喊着“清理烟囱！”

烟囱清理的改革

或许是羞于这种对孩子“白人奴隶”式的压迫。19 世纪以后，改善烟囱清理作业环境的呼声逐渐在社会上越来越高。为了促进烟囱清理作业的改革，很多人为之奔走努力。其中将儿童从艰苦、危险的工作中解救出来是改革的核心内容。为了使改革的效果最大化，改革者们积极地开展了各种各样的活动。他们向媒体投稿，强调改革的必要性，发行了敦促改革的书籍和小册子。此外，改革者们还组织了相关协会，引领改革运动，向支持改革的有名人物寻求帮助，举行公共集会。

经过这些活动，改革者们终于实现了最终目标——杜绝童工劳动。在历经了约一个世纪的努力、挫折和试错后，终于在 1875 年，改革运动实现了成功。

沙夫茨伯里伯爵（Lord Shaftesbury）作为童工烟囱清理改革的先驱。从初期阶段开始，他就为说服人们、公开讨论改革问题做出了巨大的贡献。作家亨利·梅休（Henry Mayhew）发行了《伦敦劳工和伦敦贫户》（*London Labour and the London Poor*）一书，旨在让社会更加关注底层居民的悲惨生活。此外，深受大众欢迎的作家查尔斯·狄更斯（Charles Dickens）也认同改革的必要性，在多次演讲中向人们阐述了改善清洁工生活条件的重要性和立法的必要性。

图 2-5　图为 19 世纪 20 年代发行的印刷品。清理工具被叫作“最后的烟囱清洁工”

改革者规定了清扫烟囱劳动者的最低年龄，开发并普及了可以代替工人有效地清理烟囱的工具。改革者还对建筑物和烟囱的形状和高度进行了限制，由专门的监督官负责管理烟囱的清理工作。不仅如此，对于不遵守规定的烟囱清扫工匠和委托清扫的家庭，改革者还立法追究其法律责任。

另一方面，如果不对公共保健进行改革，就无法保证烟囱清理儿童的健康。因此，改革者们还致力于改善公共卫生。特别是改革家埃德温·查德威克（Edwin Chadwick）在此过程中做出了不可磨灭的贡献。1842 年，他出版的关于劳动阶级卫生状况的报告书中，揭露了劳动者所生活的恶劣环境这一事实，给英国社会带来了巨大的冲击。以这份报告的出版为契机，人们对卫生问题，特别是公共卫生问题产生了警觉，英国议会于 1846 年制定了《公共澡堂和清洗身体方法》。

图 2–6　画作作于 19 世纪中期。图中，擦鞋少年们正在观看沙夫茨伯里伯爵的肖像画

在这一时期，人们可以花费较少的钱使用公共浴池，大大地提高了卫生水平。例如，1849 年在伦敦圣马里波恩的公共大澡堂，人流量最多时，一周的洗澡人数足足有 1.2 万人，日流量最高达 3 429 人。不仅是伦敦，在诺丁汉、伯明翰、布里斯托尔、利物浦等城市也开设了公共澡堂，并深受人们的欢迎。就这样，人们开始享受干净的权利。

工业革命后
煤矿的增加

18 世纪中期，英国开始了工业革命。其中，煤矿产业是英国工业革命的代表性产业。很多历史学家认为，工业革命最早在英国兴起是因为英国的煤炭储藏量大。早在 17 世纪，英国就已经开始开采煤炭。但是挖掘深的开采坑道，正式开始采煤工作则是从 18 世纪后半期开始的。

在开采初期，人们仅对在地面的露天煤矿或埋藏位置较浅的煤矿进行开采。随着对煤炭的需求增加，人们开始挖掘地下深处的煤炭。渐渐地，坑道的结构变得复杂，矿山内部到处都设置了负责搬运的矿工和采煤工具。图 2–7 便充分体现了这种结构。

随着煤炭的大量开采，煤炭产业逐渐成为决定国家经济结构的重要因素。与以往的木炭燃料相比，英国的煤炭价格相对较低，劳动者的工资却高于其他国家。在煤炭价格低廉、人工费高昂的情况下，人们开始着眼于少用工人、多用煤炭的技术开发。于是，以蒸汽机为动力的机器成了最适合英国的技术开发方向。

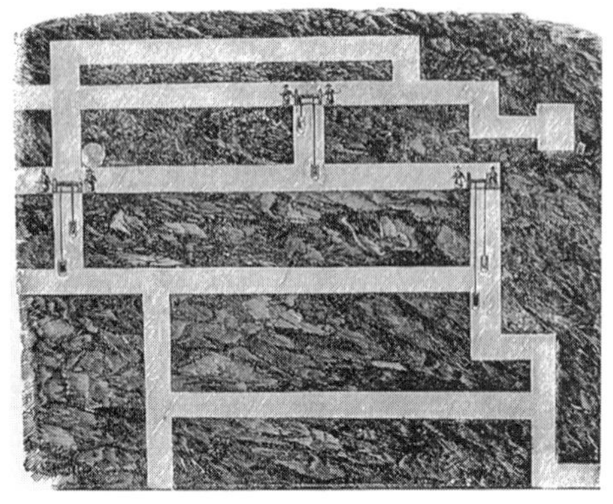

图 2-7 开采大规模的煤矿需要设计复杂的移动路线和搬运装置。坑道到处都设有矿工和货物升降装置

©1842 年英国议会报告书

对于“英国当时的技术进步是发明家个人的功劳”这一说法，如今的经济学家和历史学家们多少有些反感。虽然在个人卓越的创意性和努力加持下，促进了新技术的发明。但问题是，为什么当时其他国家没有出现如此出色的发明呢？假设劳动力充足的印度发明出了节省劳动力的机器，又会发生什么呢？如果使用新机器获得的成本节约效果不大，那么厂主们就没有必要非得引进新机器。因此，我们可以推测出，在当时的英国，如果不是煤炭比劳动力的价格低廉，技术也就不会发展得那么快。可以说，煤炭是让英国拥有“世界工厂”地位的一等功臣。

在坑道里发生的触目惊心的灾害

在进行煤矿作业时，总是伴随着危险。首先，坑道中存在着有毒性气体。坑道内的瓦斯可能会导致矿工们发生窒息。因此，人们迫切需要开发新的技术，使之在不爆炸的情况下燃烧瓦斯。发明家汉弗里·戴维（Humphrey Davy）经过反复研究，于1815年成功发明出了防止瓦斯爆炸的安全灯。

然而，这种安全灯被推广后，曾经因担心发生安全事故将坑道关闭的开采商们瞄准了时机，再次进行大规模的开采。因此，煤矿爆炸事故反而呈增加趋势。不同的是，事故的类型发生了明显的变化。在安全灯发明之前，发生事故的原因主要是不具备检测和排除瓦斯的技术能力。在安全灯发明之后，矿工们不使用安全灯或由于自身的疏忽导致安全灯无法正常工作成为了事故发生的主要原因。

随着坑道的加深和矿山结构逐渐变得复杂，发生其他灾害的危险性也随之增加。坑道越深，可供矿工采煤的空间就越小，装载和搬运开采出的煤炭的工作也变得越困难。在这种情况下，发生事故的危险性必然增加。因此，工业革命时期煤炭产量激增的背后，还隐藏着灾害危险上升和劳动条件恶化的黑暗现实。

那么，矿工们是如何挖出煤块的呢？由于坑道狭窄，常常会发生难以到达坑道深处的情况。因此，大部分采煤工作都是在没有机器的帮助下，直接由矿工直接开采。矿工要根据坑道的形态和矿脉的方向，变换不同的姿势和动作进行开采。

当时的议会报告书真实地反映了煤矿劳动的实际情况。从图2-9中可以看出，当时采煤作业的空间极其有限。在坑道低矮又狭小的空间里，矿工只能弯着腰，交叉着腿，艰难地进行开采工作。在如此狭

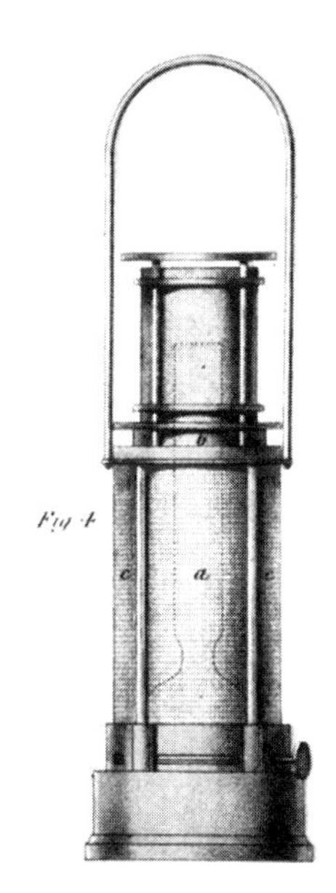

图2-8　汉弗里·戴维发明的安全灯

小的空间里，衡量矿工熟练程度和技术的标准之一就是矿工挖出的煤炭量。从这幅画中，我们可以进一步了解一些关于当时矿工劳动条件的情况。在漆黑的空间里工作，需要灯光的照明。从画中可以看出，仅有一支蜡烛可供照明。不少矿工的视力受到了损伤，有的因为在黑暗的坑道里被采煤设备、煤块和石块打伤；有的因为在爆炸事故中受伤；有的则因为粉尘刺激眼睛而受伤。此外，坑道内非常闷热，并且通风条件恶劣。矿工们因为高温和潮湿，经常会像画中一样脱掉衣服进行作业，更不必说备有用于保护头部的帽子和鞋子。在这种劳动环境下，劳动者们连最起码的安全都得不到保障。

图 2-9　矿工们在进行开采作业时，不能挺直腰杆，只能弯着腰挖煤。在空间狭小的环境下，矿工只能在非常艰难的动作下进行作业
©1842 年英国议会报告

煤矿是灾害的温床，事故发生的危险无处不在。矿工从地面往返于坑道的工作、在坑道采煤的工作、搬运装满煤堆的车子的工作，都存在着巨大的灾害风险。在狭小的作业空间里发生的事故、被运输煤炭的车撞到的事故、在搬运煤块的过程中煤块掉落发生的事故、绳子断裂导致的受伤、梯子折断后坠落导致的受伤……此外，在作业现场，还会发生爆炸事故。虽然相比以上灾害，发生爆炸的频率较低，但是一旦发生爆炸性灾害，其规模是非常巨大的。虽然发明出了像安全灯一样的改良设备，但遗憾的是，人们并不总是严格地遵守安全守则。此外，由于开采煤矿时需要大量使用炸药，因此很

难完全避免大规模爆炸事故的发生。在当时，媒体曾大规模报道过煤矿爆炸事故造成的巨大损失。

图 2-10 1866 年，在巴恩斯利煤矿发生了可怕的爆炸事故，造成了 350 人死亡

矿工所经历的灾害还有另一个特点，即：在很多情况下，这种灾害会持续到工人们辞职为止。煤矿工人最容易患上的疾病是尘肺病。尘肺症是指粉尘滞留肺部发生组织反应的症状。在空气中粉尘蔓延的环境中长时间劳动的话，粉尘会附着在肺泡上，诱发肺部细胞炎症和纤维化。如果患上尘肺症，患者会出现呼吸困难、咳嗽、分泌大量痰液、胸部疼痛等症状，而且还伴随着多种并发症。在当时，由于没有治疗尘肺症的有效方法，患者只能饱受疾病的折磨继续生活，直至死亡。

有调查显示，长期从事开采作业的劳动者会具有该职业特有的身体特征。在 1842 年的英国议会报告书中对煤矿工人的外貌特征做出了以下描述。

大人们的身体十分瘦削，他们的肌肉并不像其他从事体力劳动的人们一样发达。我们可以看到，在一些儿童和年轻人中，他们的肌肉几乎接近于畸形。例如，他们背部和腰部的肌肉就像绳子从皮肤下面穿过一样，非常突出。

再来看一下其他的描述吧。

在我面前的是两个身材高大的矿工。因为经常能看到他们脱下衣服干活，所以我可以仔细看他们的身体。让我吃惊的是，他们的腹部深深地凹陷下去，皮肤完全皱成了一团。他们驼着背缓慢地行走着，这显然是常年在矿井的坑道中作业导致的。他们洗完脸后，脸色呈现出一种接近暗黄色的苍白，眼神无力，有时眼球里充满血丝，面部表情呆滞。

从以上对矿工的文字记载中，可见当时煤矿工人的生活环境十分艰苦，全身上下留下了各种各样的职业痕迹。平均来看，煤矿内发生的事故多为重大灾害。一旦发生事故，丧生的人数较多，重伤比率也比其他行业高。即使受伤后能够恢复到原来的状态，也常常需要很长的时间。此外，遗憾的是，受伤的工人一般很难恢复到之前的状态。

对危险的煤矿劳动进行的改革

煤矿的工人们每时每刻都面临着许多的危险。即使技术再熟练再加以防范，危险也总是无处不在。

以上是当时的议会报告书中对此灾害的记录。由此可知，灾害就像影子一般如影随形，总是蛰伏于矿工身边。随着煤矿规模的扩大和内部结构的复杂化，发生事故的风险自然而然会增加。相比于之前，越来越多的矿工开始使用各种设备进行作业。但是，即使自身没有出现工作上的失误，也可能会因为其他劳动者的过失或结构问题而遭受灾害，这也是工伤的典型特征。大众在认识到这一点后，对寻找煤矿灾害解决方案的警觉性不断提高，并逐渐达到了高潮。

改革主要分为三个方向。

第一，开发能够有效预防煤矿事故的技术。对于预防煤矿中发生的爆炸事故来说，安全灯的开发最为有效。对于预防坠落或设施倒塌的事故来说，扩充安全设施显得尤为重要。但是，由于开发技术和引进设备需要高昂的费用，因此降低煤矿的灾害风险并不容易。

图 2-11　1840—1842 年的木版画作品
图为改革者们在煤矿里遇到做苦役的孩子的场景

第二，如果矿工们仍旧需要进行长时间的辛苦劳动，那么很难降低坑道内发生事故的可能性。在矿工们不能获得充分的睡眠和休息时间以及受伤时无法保障充足的休养时间的情况下，灾害必然会反复发生。而预防事故发生的教育过程匮乏或根本不存在，也是酿成灾害发生的一大因素。在矿工的劳动条件、生活环境没有改善的情况下，单纯的技术革新无法从根本上解决工伤问题。

第三，应明晰由谁承担事故责任。如果事故发生时将责任归咎于劳动者，雇主便很有可能不肯在减少灾害上花心思。因此，人们认为，只有增加雇主负担的社会、经济费用，才能达到减少灾害的效果。但是在现实中，很难期待雇主会自发地提高自己的责任。最终，只有设法将舆论引向雇主追究责任，并且代表和保护劳动者利益的团体不断壮大，灾害的解决才能得到实质性的改善。特别是，追究事故责任的法庭攻防战成了改善工人待遇的核心环节。遭受灾害的矿工们是否有机会发表自己的主张、陪审员和审判官的意识的改变、有关验尸的争议如何发展……这些都是具有代表性的重要论题。

最后，在 19 世纪后期维多利亚时代所特有的道德风尚也成了改革的推进剂。特别是女性和童工劳动的悲惨状况使人们意识到了改革的必要性。坑道内的恶劣劳动条件不仅会对肉体造成伤害，还会造成精神堕落，而随着人们对这种认识的不断提高，改革成了不可避免的时代课题。

笼罩伦敦的“豌豆汤雾”

煤炭对人类产生了巨大的影响。煤的使用量增加不仅提高了生产量，还代表着大气污染变得愈发严重。不知从何时起，我们已经不知不觉地接受了大气污染这一事实。如今，我们居住生活的住宅和办公室提供着冷暖气，为了四季都能够舒适地生活、能够随时乘坐汽车到达自己想去的地方，不可避免地会使用化石燃料。因此，很多人只得接受一定程度的大气污染。为了过上舒适的生活，人类的“努力”渐渐变成了污染大气的凶器，并最终又作用到了人类身上。但是，值得深思的是，我们要一直接受这种悖论的存在吗？

在过去，如果只选出一个大气污染的罪魁祸首，那便是煤炭。17 世纪后，人们越来越关注供暖这一问题。此外，随着工业革命时代产业用煤的需求不断增加，煤炭的使用量也急剧上升。今天我们目睹了在城市中心“雾霾”（smog）这一现象，即污染空气集中发生的天气状况。smog 是烟（smoke）和雾（fog）的合成词。

在工业革命时代，人们常将这种污染的空气叫作“城市雾”。随着时间的推移，雾霾问题不断恶化。到了 1820 年，雾霾现象越来越严重，大气变得乌黑一片，泛着黄绿色。因此，人们将这种雾霾称为“豌豆汤雾”。

历史上最著名的雾霾事件发生在 20 世纪中期。在 1952 年的冬天，刺鼻的空气已经在伦敦的上空弥漫了 5 天。煤炭燃烧产生的有害物质逐渐在空气中积聚，污染不断被加剧。在当时，大气污染最严重的时候，可视距离连 10m 都不到。除了地铁以外，所有公共交通都停止了运行。此外，被污染的空气还飘入建筑物内部，许多话剧演出、电影、音乐演奏会都被迫取消。

图 2-12 拍摄于伦敦街头，生动地展示了当时的大气污染有多严重。拍摄地位于伦敦市中心的皮卡迪利杂技团。照片中，我们只能模糊地看到著名的爱神铜像的轮廓，根本无法看清铜像后面有着

图 2-12　拍摄者不详，1952 年
被“豌豆汤雾”笼罩的伦敦皮卡迪利杂技团

什么样的风景。此外，街道上的出租车也寥寥无几，很多市民不得不放弃打车出行，加快自身的步伐。然而，大气污染带来的影响远不止交通不便。许多市民的健康也受到了不小的威胁。不少人呼诉自身出现了呼吸困难的症状，急忙前往医院就诊的患者也不断增加。据调查，大气污染导致的伦敦市民死亡人数至少达 4 000 人。据最近的研究结果显示，当时死亡者最终达到了 1.2 万名。

事实上，在这一时期，大气污染已经成了世界性难题。除了英国以外，在其他国家的大城市上空，雾霾也时常“造访”。早在 20 世纪 40 年代，居住在美国洛杉矶的市民就常因名为“毒气攻击”的大气污染现象而备受困扰。在 20 世纪 50 年代和 60 年代，纽约也曾多次发生了大气污染，一天的死亡人数一度多达数十人。

图 2-13 为 1953 年在纽约市空中拍摄的场景。拍摄者站在帝国大厦上进行俯摄，图中右侧高高的摩天大楼是克莱斯勒大厦。整个

纽约市区笼罩在一片浓雾中，甚至连时钟都看不清楚。这简直就是被雾霾笼罩的伦敦市的翻版。无论是哪个大城市，依靠化石燃料的地方无一例外地都遭受着严重的大气污染。在经历了 20 世纪后半期的大规模空气污染后，在如今的发展中国家的众多城市中，雾霾现象再次重演。

图 2-13 拍摄者不详,《被雾霾笼罩的克莱斯勒大厦》, 1953 年

在下文，我们将对空气污染现象进行更深入的了解。我们将对今天的大气污染处于什么水平进行思考，并仔细讨论将通过何种努力改善未来的环境。实际上，我们在日常生活中享受的生活质量很大程度上取决于这一点。

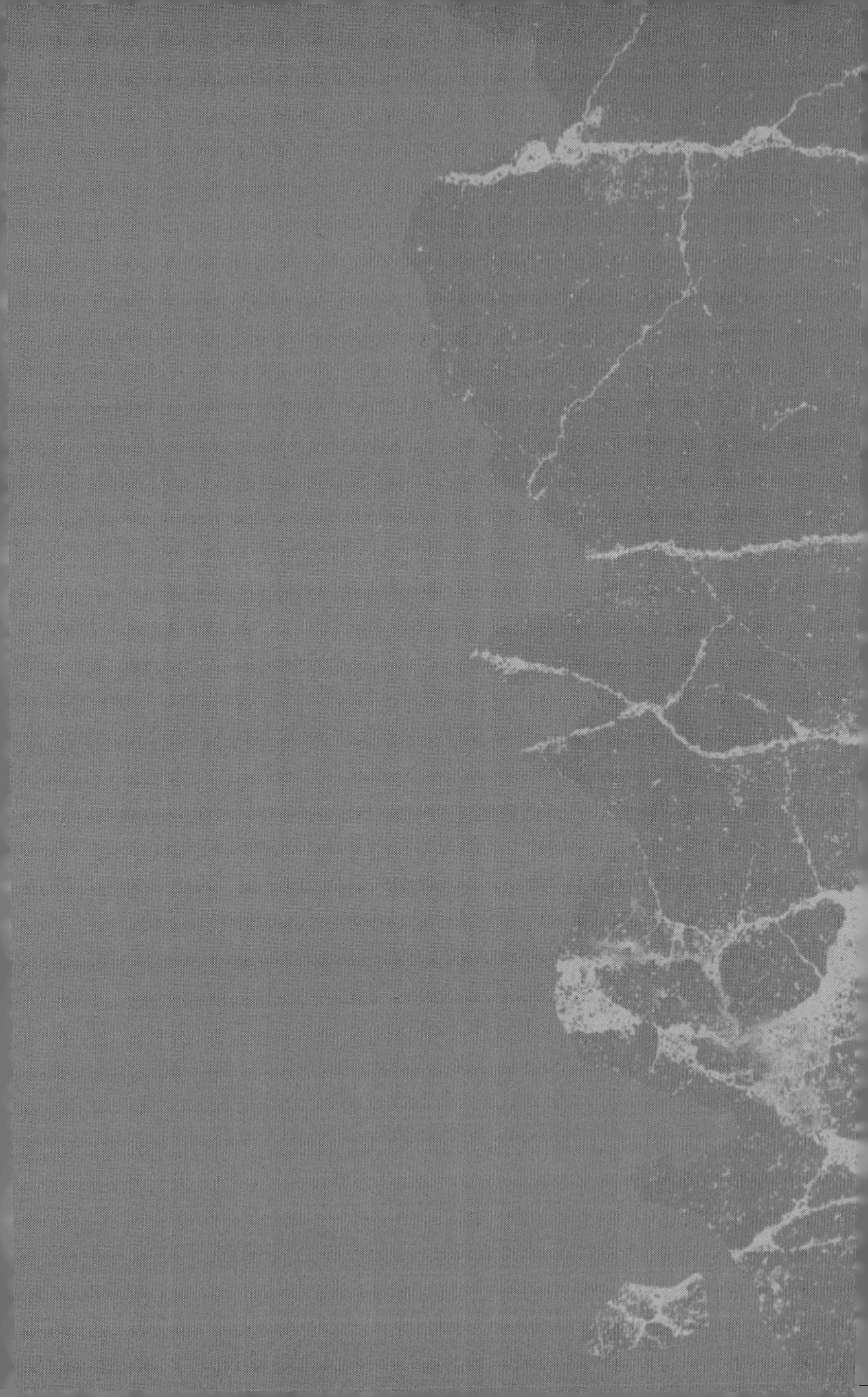

7

交通进步带来的悲剧：运输工具事故

◆
◆

我无法想象

有什么能令这艘船沉没

这艘船不可能发生任何致命性的灾难

现代船舶超越了这一点

——

泰坦尼克号的指挥官

爱德华·史密斯（Edward Smith）船长

◆

◆

创新与发明的鼎盛时期

人类历史中充满了天才般的想法和创意性的发明。如果去博物馆走上一圈，我们就能发现，从史前时代开始人类就一直保持着创新的步伐。这些卓越的发明和创新点缀着历史，昭示着长期以来，人类创造知识和技术的能力发挥了不容小觑的作用。

纵观各个时代，可以说工业革命时代是发明和创新全面开花的时期。从 18 世纪中期到 19 世纪中期，西方各国的产业结构经历了革命性的改变。在这一时期，经济从过去的以农业为中心，转变为以工业为中心。如果说在工业革命之前，发明和创新是由少数充满好奇心、头脑灵敏的优秀人物完成的。那么从工业革命时代开始，对发明和创新感兴趣的社会成员占据了多数。发明不再是少数人喜欢的智力游戏，在现实世界中，发明变成了能够给发明家带来财富和名誉的魔法宝箱。

英国引领了这次工业革命。短短两个世纪，在欧洲长期处于地理边缘国家的英国一跃成为当时世界最大的生产大国和技术大国，并在 19 世纪后期建立了“日不落帝国”。随着工业革命的成功，英国成了当时世界上名副其实的最强国。

那么，值得思考的是，在技术进步竞争激烈的工业革命时代，英国击败其他国家占据领先地位的原因是什么？英国能成为第一个工业化国家的关键是什么？对此，学者们意见不一。劳动供给充足、资本市场成熟、自然资源丰富、拥有很多具有开创性的企业家、财产权保护的法律体系完善、得天独厚的岛国地理位置得以免受军事威胁……诸如此类的说明举不胜举。但是，人们对于这些说明又各持反对意见。人们认为，如果以英国首次成功完成工业革命这一已经发生的历史事实为前提，再去比较在此过程中其他国家和英国的差异这一方式属于结果论推理法，缺乏一定的说服力。如果通过这种方法比较各个国家的差异，会丧失公正性。

相比之下，前文中所提到的以生产要素价格进行说明的方式似乎更有说服力。也就是说，对于工资高、煤炭价格便宜的英国来说，追求节约劳动力、集中使用煤炭型的技术进步方式最符合国情。蒸汽机的发明和改良就是具有代表性的技术进步。一直致力于发明出可以在作业现场使用的蒸汽机的詹姆斯·瓦特（James Watt）成功发明出了经济性和性能显著提高的蒸汽机，并在这一领域达到了创新的顶点。而水力丰富的法国和劳动力丰富的印度即使引进蒸汽机，也并不具有高经济性，自然也就不会在发明蒸汽机上多费心思。

图 2–14　詹姆斯·劳德，(James E. Lauder)，《詹姆斯·瓦特和蒸汽机：19 世纪的黎明》，1855 年
时代创新人物——詹姆斯·瓦特，蒸汽机是最适合当时英国的发明

自此之后，煤炭和蒸汽机的创新立刻发挥了其真正的价值。这给包括煤炭工业在内的棉纺工业、炼铁工业、铁路工业等众多行业都带来了多米诺效应，生产效率得到了提高。其中，以煤炭为动力的交通工具受到影响最为直接。但是，这种经济层面上的变化同时也极大地改变了灾难的面貌。此后，与过去截然不同的灾难悄然登场。

交通发达引起的灾难变化

随着交通日益发达，物资运输变得更加便利，市场进一步扩大和更为频繁的人员流动，促进了经济发展。纵观 18 世纪以来的交通史，我们可以发现，随着时间的推移，道路、运河、铁路等交通方式依次发生了变化。

图 2–15　在工业革命之前，马车翻车是最频繁发生的事故之一

首先，道路交通相较于以往发生了变化。在过去，道路交通由地方自治团体管理，由于各地方自治团体的财政条件不同，因此很难保持同样的道路条件。如图 2–15 所示，在工业革命之前，马车翻车是最常见的事故。从 18 世纪中叶开始，民间投资的收费公路在全国各地铺设开来，道路情况得到了一定程度的改善。其中，得益于创新性的道路铺设法，到了 1770 年，新建的收费公路已达 24 000km。公路承重能力的增加还促进了陆上交通的发达。随着道路性能的改善，人们可以舒适的旅行，驿站马车备受人们的青睐。不仅如此，邮车的登场还大大地提高了信息的传播速度。

其次，虽然道路交通的变化改善了以往的交通条件，但要想移动更重的货物的话，考虑到经济性，水运更加便利。18 世纪后期，英国掀起了运河建设的热潮，并建立起了连接大部分河流的内陆水路网。利用运河进行运输的方式具有很高的经济效益。例如，连接曼彻斯特和利物浦的运河开通后，两个城市之间的运输费用减少了一半。此外，建设运河时还需要用到大量的人力、资本和发达的土木技术，这还起到了刺激经济发展的作用。

图 2-16　乔治·史蒂芬逊开发的蒸汽机车"火箭"号，1830 年

最后，在工业革命时期，交通工具发达的"终点站"就是铁路。不同于运河存在地理、季节上的限制，铁路则不受其影响。铁路行业发展最核心的技术问题在于要安装具备强大牵引力的蒸汽机。1801 年，理查德·特里维希克（Richard Trevithick）首次开发出蒸汽机车，开启了解决问题之路。矿工工程师乔治·史蒂芬逊（George Stevenson）从 19 世纪头 10 年开始制造蒸汽机车，1830 年史蒂芬逊为利物浦至曼彻斯特的 50km 线路制造了铁路机车，平均时速达 22km/h，证明火车这一运输工具超越了马车。此后，在铁路投资日渐活跃的氛围下，铁路网在英国境内迅速铺展开来。截至 1840 年，英国国内铁路总长达到了 2 400km，1850 年增加到了 10 000km，1870 年达到了 25 000km。

1830 年左右，英国修建铁路的消息很快传到了国外。各国认识到铁路的重要性后，争先恐后地开始铺设铁路。1850 年，美国的铁路长度超过了英国。对于拥有广阔领土的美国来说，铁路显得尤其重要。此后美国迅速在全国铺设铁路。到了 1910 年，近 400 000km 的铁路将美国各地连接了起来。在欧洲大陆，法国和德国也紧随其后，迅速修建铁路。到了 1890 年左右，法国和德国也拥有了超过英国的铁路网。随后，印度、日本、中国等国家也成了新的铁路铺设国。渐渐地，铁路建设逐渐成了衡量工业化乃至经济发展的标准。

引起大众关注的铁路事故

工业化时代，各行业事故频发，特别是铁路事故引起了公众的广泛关注。铁路和蒸汽机车作为工业革命的象征，发生事故时，触目惊心的场面也常常赤裸裸地暴露在现场的众多目击者面前。为此，有时神职人员还会举行对铁路的祝圣仪式。既有祝贺新交通工具投入使用，又有防止灾难事故发生祈祷安全之意。

图 2-17　图为法国 19 世纪中期的画作。图中天主教正在举行祝圣仪式，以祈祷新机车的出行安全

在建设铁路的过程中常常发生事故。在铁路铺设的工程中，大量负责劳役的土木工人面临着安全设施不完善、安全准则缺失、工人的疏忽、个别作业之间缺乏联系等危险因素，导致各种安全事故接连不断地发生。作业现场潜伏着各种危险因素，多数劳动者不仅对技术掌握得不熟练，还无法拿到应有的工资。因此，这种高危险性且不合理的工作环境可谓是臭名昭著。

铁路建成后，运营过程中也不断地发生各种事故。如果铁路被铺设成单线，则很容易发生事故。然而，即使被铺设成双线，如果不能准确调整列车时间，也很容易发生追尾事故。在自动刹车装置被发明之前，驾驶人员需要手动刹车，这项工作总是隐藏着危险。此外，连接和分离货车的工作中发生的事故、锅炉爆炸事故、蒸汽机车迸发火花的事故、因雨雪导致铁路打滑发生的事故等都属于多发事故。据当时英国政府推测，1855 年 7—12 月之间，铁路行业中面临灾害危险的人数共有 2.23 万人，其中 63 人因事故丧生，54 人重伤。也就是说，每 190 名铁路工人中就有 1 人会遭受到严重的事故灾害。

图 2-18　威尔士铁路事故现场，1868 年

1868 年在威尔士北部海岸发生的铁路事故是当时英国发生的最严重的铁路事故，媒体曾对这一事故进行过报道。当时，一辆失控的装有 8 000 升石蜡油的货车与快速行驶的火车相撞，引发了事故。碰撞带来的冲击力使货车上的石蜡油发生了爆炸。让我们来听听当时被报纸报道的幸存者证词吧。

我们被突然发生的冲击所震惊。（省略）我迅速跑出了车厢，目睹了恐怖的一幕。在我们前面的三节车厢、货舱和火车头已经被高达 20 英尺的火焰和浓烟所笼罩。（省略）爆炸和火灾发生的速度用任何语言都无法表达。实际上，我在冲击尚未结束之前就逃了出来，但是在我面前已经出现了这样可怕的场景。在这些车辆之中，没有任何声音，也没有任何尖叫声，甚至没有任何逃跑和挣扎。这场事故好像闪电一般击中了所有的乘客，他们一下子都陷入了麻痹。

从当时的媒体报道来看，我们可以确定铁路事故频繁发生，并导致大量的人员伤亡。在报纸、杂志、议会报告书、大众宣传册中，经常能看到铁路事故这一重大灾难。与之相反的是，也有很多人认为铁路是安全的交通工具。据官方统计数据显示，在 19 世纪 50—70 年代，每年重大铁路事故的发生频率约为 6.9 起，而此后事故发生频率呈持续下降趋势，这代表着铁路的安全性正在提高。对此，历史学家们主张，从客观角度上分析，在当时铁路比其他交通工具和其他行业更加安全。

然而，大众对铁路事故的担忧并没有减少。例如：在安全设施不完善的情况下强行运行火车、设施投资不足、设备陈旧、人力资源不充足、企业利润和股东分红优先于安全问题……诸如此类的批

图 2-19　布瑞黑德事故现场，1867 年
该事故发生在爱尔兰的一座桥梁上，属于大型铁路事故

评此起彼伏。特别是，如果发生再次大型铁路事故，人们就会再次进行批判，舆论也会急剧恶化。那么，为何上述的统计数据和公众认识之间会有如此大的偏差呢？灾难和灾难观念的背离又是从哪里来的呢？

第一，媒体在此过程中发挥了不可忽略的作用。在当时，如果发生铁路事故，媒体会立即派遣记者到现场，并采访目击者进行报道。记者们会详细记述事故现场的惨状，并在字里行间试图引起读者的共鸣。报纸和杂志社撰写这种具有刺激性的报道，满足希望通过阅读获得冲击性内容的读者心理，以增加订阅人数。

第二，与其他灾难不同的是，铁路事故更容易被很多人容易目睹，人们就会认为铁路灾难容易发生在自己身边。一般来说，人们对看不见的事故或者没有对人们产生直接危害的灾难常常无动于衷。即使是在今天，如果某种灾难与普通人的生活相距甚远，那么常常无法受到充分的关注。但是，如果这种灾难随时都有可能发生在自己身边，情况就大不相同了。

第三，人们认为，铁路行业从发展初期开始，就与其他行业不同，具备着巨大的规模和复杂性。规模庞大的铁路网、铁路车站、铁路车辆、连接复杂的铁路和信号灯等各种装备以及在现场担任各种职务的众多工作人员等等，无一不给大众留下了深刻的印象。人们这种对铁路行业特点的认识也一定程度上影响了对铁路事故的认识。在过去，人们经常将道路事故视为个人过失。但是，从铁路时代初期开始，人们更倾向于将铁路事故视为集体性质的灾难。在当时，有很多人将铁路运营比喻为军队组织作战，这也体现了大众对铁路的特殊认识。而这种特殊认识对铁路事故的责任所在也具有重要的启示意义。也就是说，相比于其他行业，人们更倾向认为在铁路交通行业，比起个人的努力，社会和国家更应该积极介入，以保障铁路的交通安全。

为了杜绝铁路事故
人们的努力

与工厂或矿山发生的事故不同，一旦发生铁路事故，不仅是铁路工人，乘客也会遭受损失。或许是因为这种特殊属性，在减少灾害发生这一方面，比起致力于保护劳动者，铁路行业更优先展开了对乘客的保护。对此，人们提出了多种减少铁路事故的方案。其中，在发生事故时对雇主施加一定的金钱压力这一方案备受人们关注。著名的公共卫生改革家埃德温·查德威克对该方案表示了大力的赞同。赞成者们主张，无论是在道德还是经济层面，该方案都值得提倡。在这之前，如果遭受灾害的劳动者因此生存变得困难，就会从自己所属的地方自治团体得到救护。那么，与事故无关的纳税人就会承担一定程度的经济压力。但是，如果新方案被制度化，一旦发生铁路事故，雇主则需要承担一定的金钱压力。那么，雇主就会提前注意并解决铁路工人的安全问题。

图 2–20　图为 1895 年在巴黎蒙帕纳斯车站发生的火车脱轨事故

为了防止铁路事故的发生，人们认为政府应加强其监督功能。1840 年，英国制定了相关的铁路法案，规定只有得到政府的批准才能铺设铁路，并且铁路公司必须对运营情况进行定期报告。政府明确规定了铁路运营相关的监督权限，还制定了禁止铁路工作人员饮酒、禁止擅自横穿铁路等安全规定。在这项法案提出后，社会对政府介入的可取性进行了讨论。

在当时，自由放任主义在英国社会根深蒂固。在这种氛围下，不少人认为，铁路行业也应该和其他行业一样，保障个体能够自由地经营企业活动。甚至还有人主张，如果政府介入铁路公司的企业活动，反而会威胁到乘客的安全。也就是说，政府的介入将减少铁路公司的责任，将乘客置于危险之中。与之相反的是，多数改革家则主张，铁路具有复杂性和规模庞大的特点，并且还具有多数乘客同时使用的特性。因此，国家为了保障安全，应该对铁路运营加以限制。双方的讨论剑拔弩张，形成了一种微妙的均衡。但是，在 19 世纪 60 年代后期，舆论开始向改革派倾斜。比起主张企业活动自由的自由放任派立场，更多人赞同国家需要积极介入铁路行业。

工会的壮大也对灾难应对和安全措施的改善产生了重大影响。19 世纪 70 年代以后，铁路工人们开始设立大规模的工会，要求扩充安全设施，改善劳动条件。灾害发生时，在工会的保护和指导下，劳动者可以更积极地要求赔偿损失。如果因赔偿的责任和范围发生法律纷争，劳动者还可以从工会得到财政支援和法律援助。最终，在发生事故后，雇主方的胜诉概率降低，并需要支付较高的补偿费用。因此，雇主只得放弃了以往的态度，致力于防止工伤的发生。于是，工伤补偿保险等新制度应运而生，为劳动者提供了又一层安全保障。

最初的
车祸形态

如今，车祸是人们最频繁经历的灾害之一。提起汽车的话，我们会自然地认为使用汽油或柴油的内燃机是汽车的主要动力来源。并且，不少人猜想今后电动汽车的驾驶比率将会提高。但是，令人意外的是，在汽车发明初期，是通过蒸汽运转的外燃机作为动力来源的。

那么，是谁发明的蒸汽汽车呢？出乎意料的是，首个发明蒸汽汽车的并不是英国人，而是法国工程师尼古拉·约瑟夫·居纽

（Nicolas-Joseph Cugnot）。居纽于 1769 年制造出了一辆蒸汽汽车，在巴黎市内以每小时 4km 的速度行驶着。

图 2–21 描述了这辆蒸汽汽车的模样。如图所示，该车有三个轮子，并在车身上设置了一个大锅炉，看起来多少有些滑稽。也许正是因为这一发明存在局限性，后来蒸汽汽车由于刹车出现故障，脱离了驾驶者的控制，撞到了墙上。下图描绘了石雕碎片从破损的墙壁上掉落的样子。这算是世界上最早的车祸。

不久之后，居纽发明的蒸汽汽车就被介绍给了英国的工程师。手艺出众的英国工程师将蒸汽汽车改良成更为稳定的形态。尽管当时英国的基础科学水平落后于法国，但是在制造、启动和改良机器的能力上却领先于法国。到了 1826 年，在伦敦已经实现了可供 28 人乘坐的大型车辆的定期运行。

图 2–21　图为由尼古拉·约瑟夫·居纽开发的蒸汽汽车，人们正在尝试运行这辆蒸汽汽车。1771 年左右

图 2–22 是画家亨利 · 艾尔肯（Henry Alken）依靠自身的想象所作。画中为艾尔肯眼中伦敦市未来的模样。我们可以看到画中各种大小和形态的车辆。从巨大的锅炉和它们喷出的烟雾中可以推测出，所有车辆都是通过蒸汽机运转的。每辆车上都挤满了人。或许画家对这种喧闹且充满煤烟的样子一点也不满意。我们不禁惊叹画家的想象力，竟然早在近 200 年前就将煤烟这一现代灾害以图画的形式表现了出来。

图 2–22　亨利 · 艾尔肯《蒸汽的进步》，1828 年
伦敦市中心挤满了正在排放煤烟的蒸汽汽车

自工业革命时代蒸汽汽车问世以来，汽车的进化路程与发明家的初期预测大不相同。1886 年，德国发明家戈特利布 · 戴姆勒（Gottlieb Daimler）和卡尔 · 本茨（Karl Benz）发明了内燃机。此后，使用石油作为基本燃料的内燃机逐渐占领了原本属于蒸汽机的汽车

市场。技术的进步使车身的重量轻了很多，车辆的速度也得以加快。

要说对汽车历史具有决定性影响的历史人物，便不得不提起美国企业家亨利·福特（Henry Ford）。在1913年，福特在自己的汽车工厂开发出了第一条流水线。这对当时资本相对充足而劳动资源稀缺的美国来说，是绝佳的技术选择。而福特汽车公司则成了以标准化和大量生产为特点的“美国制造系统”的象征性存在。在这种大量生产的体制下，人们生产汽车和大众消费的趋势已锐不可当。

于是，汽车时代华丽拉开帷幕。在过去，社会中多为营业用汽车。从20世纪50年代开始，美国私家车迅速大众化。欧洲和日本也不断加快经济增长步伐，在20世纪60—80年代，中产阶层拥有私家车已不是稀奇的风景。包括韩国在内的一些经济后起国家，从20世纪90年代起，拥有汽车的人口也在迅速增加。

当今世界可谓是“汽车的天堂”。每年约有9 000万辆汽车被生产出来，并在世界各地的大街小巷里穿梭。

然而，汽车时代的到来也意味着车祸时代的来临。图2–23的画作创作于20世纪初期，它讽刺了那些沉溺于速度带来的刺激的人们，而这种沉溺正在酿成车祸的发生。我们可以看到，画中人们正飞快地驾驶着汽车，正追随着化身恶魔形态的“速度狂”。道路上躺着许多因车祸而失去性命的人。两侧的市民们虽然对“速度狂”表示强烈抗议，但是却毫无效果。由此可知，早在20世纪初，车祸已屡见不鲜，并引起了大众的愤怒。

让我们来了解一下如今汽车灾害的现状。在全世界车祸造成的损失有多少呢？仅死亡人数每年就高达135万人。这意味着每天平均因车祸死亡的人数为3 700名。据推算，每年因交通事故受伤的人数为2 000万—5 000万人，其中相当一部分人会因此留下后遗症。

图 2-23 阿尔伯特·莱弗林（Albert Levering），《以死亡作为奖赏》，1910 年。画中速度狂们正引发着巨大的交通事故

高收入国家拥有着世界 40% 的汽车，然而，在这些国家发生的交通事故还不到全球交通事故的 10%。这不禁让我们感受到灾难的不平等性。据相关调查显示，各国因交通灾难造成的经济损失约占国内生产总值的 2%–8%。在韩国，2020 年遭遇交通事故的人数为 209 654 人，因交通事故死亡的人数为 3 081 人。也就是说，平均每天有 574 名韩国人因交通事故而受伤，每天有超过 8 个韩国人因此丧命。由此可见，在今天，无数人正因交通事故而丧失宝贵的生命和健康。

泰坦尼克号的悲剧

让我们一起来看看历史上最有名的交通灾难——泰坦尼克号沉

船事故吧。这场灾难还曾被翻拍成电影，轰动一时。1912 年，新建成不久的巨型客轮泰坦尼克号从英国的南安普顿启航前往美国纽约。泰坦尼克号是当时世界上最大的船舶之一，拥有着最新的设备。因此，此次航海受到了媒体的广泛关注。船上不仅设有豪华的宴会厅，还具备游泳场和体育馆，可谓是梦想中的游船。不仅如此，船上还设置了水密隔舱，被人们称为“永不沉没”的巨轮。此外，正如电影《泰坦尼克号》中两位主人公的身份差异那般，从入住头等舱的富豪到三等舱的贫困移民，船上搭载了各阶层的游客。

泰坦尼克号载有 2 224 名乘客，在出发后的第四天晚上，以接近全速 41 km/h 的速度航行着。然而，事故却在此时悄然来临，值班的船员发现了冰山的存在。但是，由于船身与冰山的距离过近，且由于船的旋转半径过大，减速的时间也不够，最终，泰坦尼克号不可避免地撞上了冰山。瞬间主甲板开始下陷，右舷在遭受撞击后出现漏洞，海水涌进水密隔舱。涌入的大量海水超过了船体的承重量，导致船体不断下沉。乘客们陷入了惊恐之中，争先恐后地寻找救生艇。

不幸的是，由于当时的救生安全并不规范。船上只准备了 20 艘救生艇，只能搭载 1 178 人。然而，在大家都惊慌失措的情况下，实际登上救生艇的乘客数比这个数字还要少。约有 1 500 名乘客留在了船上，其中包括为了乘客们能够逃生在一直指挥的船长、帮助其他人逃生而牺牲的泰坦尼克号设计师和船员、为了稳定乘客们的情绪，而继续演奏音乐的乐队以及毅然赴死的人们。随着泰坦尼克号船体从中间断裂，伴随着巨大的轰鸣声，船体和留在船上的人们一起被卷入了大海。在灾难发生时，海上的水温只有零下 2℃，大部分人因失温在 30 分钟内死亡，也有人死于心脏停搏。

图 2-24　以上两张图片分别为 1912 年出发当天拍摄的泰坦尼克号和事故发生后被转移到救生艇上的乘客们

（上图）©F. G. O. Stuart

（下图）©National Archives and Records Administration

在当时，有的救生艇上还有座位。虽然有人提议应该返回沉没现场寻找幸存者，但是遗憾的是，由于有人表示反对而未能如愿。

电台在接收到泰坦尼克号发出的无线电求救信号后，终于在船体沉没 1 小时 30 分钟后到达了事故现场，救出了乘坐救生艇的人们。得益于最新的无线通信技术，许多人才得以死里逃生。获救者多为乘坐头等舱的乘客，三等舱乘客的获救人数明显低于其他舱类。此外，由于女性和儿童优先乘坐救生艇，所以男性的获救率相对较低。最终，这场灾难中丧生的人数总共为 1 513 人。

被称为“永不沉没”的尖端客轮就这样永远地沉眠于海底。这给英国、美国，乃至全世界的人们都带来了巨大的冲击。事后，人们对事故发生原因进行了缜密的调查，最终认为存在着以下安全薄弱环节。首先，船员没有及时传达冰山警告信息，也没有佩戴望远镜，因此很难提前感知到冰山的存在。其次，救生艇不足、救生艇在没有满员的情况下出发、水密隔舱存在问题、在撞上冰山后，指挥人员也没有立即采取应对措施。最后，附近的船只关闭了通信设备，使得三等舱乘客更难以获得援助，浪费了宝贵的救援时间。

仍在发生的
海难事故

泰坦尼克号沉船事件发生后，世界各国为了提高航海安全性，进行了多方面的努力。1914 年，一些国家签订了《国际海上人命安全条约》，对救生艇的配备标准进行了上调。此外，一些国家还规定船舶必须安装无线设备。受这场世界最大的海难事故——泰坦尼克号沉船事件的影响，航海的安全标准得以提高。

但是，海难事故却并没有因此消失。此后，大大小小的海上灾难仍不断发生，其中不乏大型海难事故。

让我们来了解一下代表性的事故。1949 年，由中国大陆驶往中国台湾地区的太平轮载着 1 000 多人，在超载 300 多人的情况下与其他船只发生了撞击。这次事故至少造成近千人遇难。1954 年，日本客轮“洞爷丸”号在北海道附近沉没，丧生人数达 1 100 名。1987 年，菲律宾的“多纳·帕兹”号渡轮与油船相撞，导致了油船起火，火势随后蔓延到了“多纳·帕兹”号渡轮上，这次事故足足造成了 4 386 人死亡，只有 24 人得以幸存。“多纳·帕兹”号沉船事件被认为是非战争时期最大的海难事故。1991 年，埃及的“塞勒姆”号在触礁后 10 分钟沉没，此次事故造成包括麦加信徒在内的 1 400 人丧生。

21 世纪后，海难事故仍在持续发生。2002 年，塞内加尔的“朱拉”号倾覆事件造成 1 800 余人死亡；2006 年，埃及的一艘客轮沉没，1 000 多人被夺去了生命。以上提到的海难事故均为遇难人数千名以上的灾难事件。而死亡人数在千名以下的事故更是不计其数。

图 2-25　2021 年苏伊士运河瘫痪事故

此外，有的海难事故虽然人员伤亡较少，但是却造成了巨大的物质损失。2021 年 3 月，一艘通过苏伊士运河的货船发生了搁浅。苏伊士运河作为世界海上物流的核心海上通商之路，承担着约 12%—15% 的海上物流运输。当时，满载集装箱的长达 400m 的超大型船舶长赐轮搁浅后引发了运河堵塞事故，亚洲和欧洲通商路瞬间陷入瘫痪状态。300 多艘船只只得在附近海域等待运河的重新开通。

苏伊士运河瘫痪事故预计长期化的新闻被大规模报道后，人们开始担心国际物流会因此出现重大的差池。于是，一些货轮的负责人决定停止等待，改为绕行非洲南端的航线，而一些价格昂贵或急需运输的货物则改用空运的方式运输。最终，人们只得承担 10 多天的货物运输延迟和费用急剧上涨带来的损失。这再次给等待货物的人们和企业带来了巨大的损失。据相关媒体报道，停航造成的损失额每天约达 90 亿美元（约 10.8 万亿韩元）。苏伊士运河事故如实地反映了如果在世界贸易的核心通道发生灾难，造成的损失是不可估量且持续的。

韩国也曾发生过令人痛心的大型海难事故。在 2014 年 4 月 16 日，载着 476 名乘客的“世越”号从仁川前往济州岛，但不幸在珍岛前海沉没，导致 304 人不幸遇难。令人惋惜的是，遇难者中大部分是怀着激动的心情参加修学旅行的高中生。救助人员迟延宝贵的救援时间、船长和船员的逃避、海警救助和政府指挥的不到位等因素酿成了这场悲剧。

迄今为止，对“世越”号事故发生的原因、能否避免事故的发生、为什么救援工作不及时、救援指挥体系存在哪些问题、灾难发生后事故防范措施是否到位等诸多问题，韩国政府尚未给出充分的回答。只有对这些问题做出正确的回应，才能预防未来再次发生惨案。

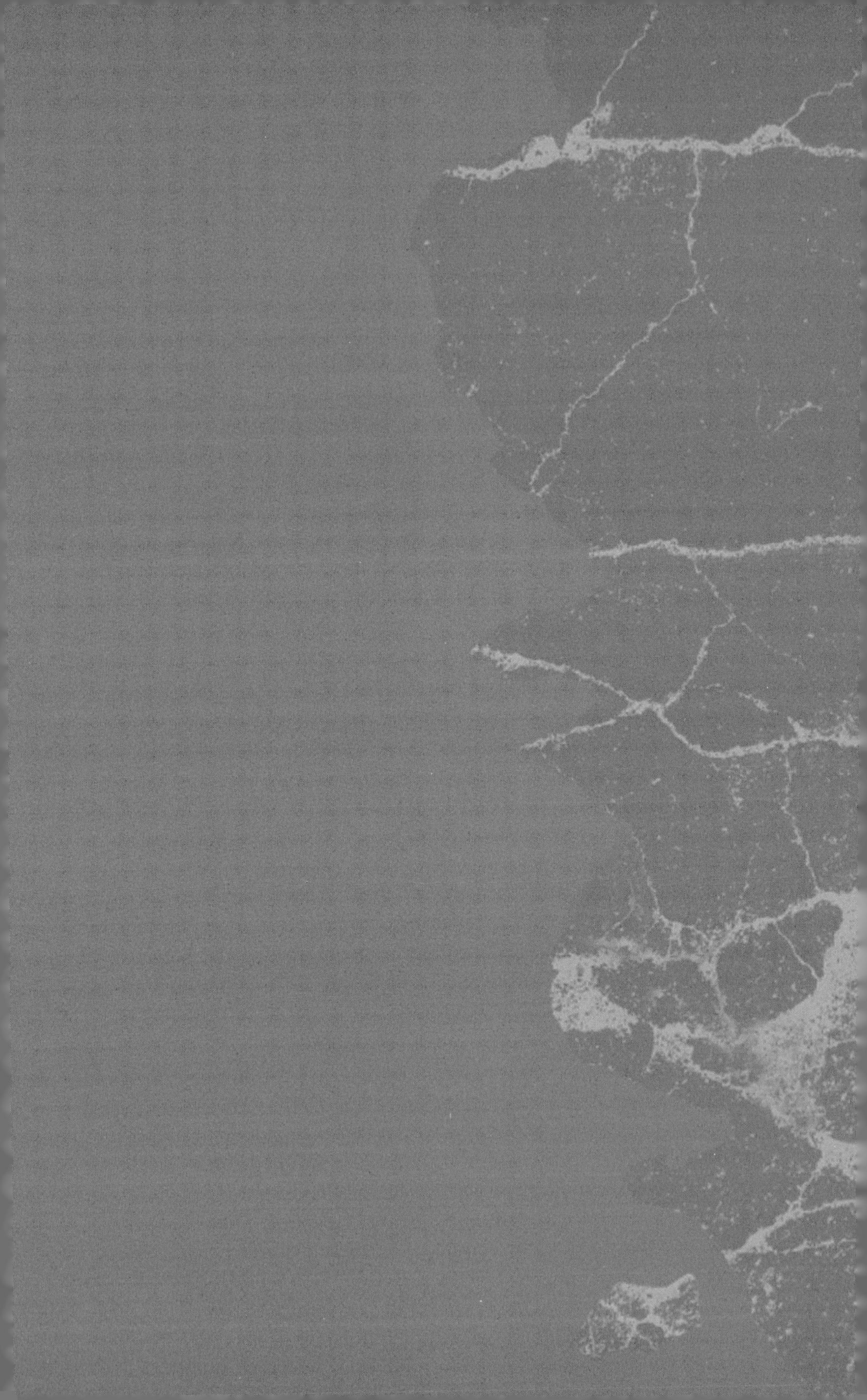

8

不断袭来的贫穷和饥饿的恐怖：大分流和土豆饥荒

◆
◆

纵观世界历史，

在民主主义能发挥良好作用的情况下，

从未发生过饥荒。

——

阿马蒂亚·森（Amartya Sen）

大分流和全球化的另一面

英国是首个开始进行工业革命的国家，随后多个国家竞相加入了工业化行列。相比于以往以农产品为主要收入来源，实现工业化的国家能够生产和出口附加价值更高的工业产品，从而拉动国民收入。此外，工业化还为进一步提高军事力量，奠定了技术水平和生产基础。这意味着工业化国家具备了压迫其他国家，争夺利益的资本。因此，与没有实现工业化的国家相比，实行工业化的国家以优越的经济条件和军事力量为基础，促进了国民收入的飞速增加。相反，在工业化进程中处于落后地位的国家只能依靠在国际贸易中不占优势的农产品为生，甚至被迫和军事力量强大的国家签订不平等条约。因此，这些国家的国民收入很难得到提高。

在全球化迅速发展的时代，与拥护全球化主张背道而驰的是，全球化的果实并没有得到均衡地分配。相反，实现工业化并在引领全球化过程中占据主动地位的国家和在工业化进程中处于落后地位、被迫参与全球化的国家之间的收入差距史无前例地被拉大。这种现象被称为大分流。大分流现象充分证明了全球化能够促进人类全面富有的乐观论与现实仍有着不小的差距。与过去相比，落后国家的百姓几乎无法享受到全球化带来的经济果实。相反，不少国家的经济状况反而进一步恶化。其中，最具代表性的国家就是爱尔兰。

在今天，爱尔兰虽然是独立的主权国家，但是在 19 世纪，爱尔兰归英国所有。从 1801 年开始，爱尔兰被划入大不列颠及爱尔兰联合王国（United Kingdom）。事实上，在 19 世纪以前，爱尔兰也曾长期处于英国的影响圈下。在过去，爱尔兰人大多从事农业活动，收

图 2-26　矗立在爱尔兰都柏林街头的饥荒追悼铜像

入水平并不高。由于爱尔兰农民没有足够的经济能力购买土地，因此只能向地主支付租金，租赁土地进行耕作。

18 世纪，中间人制度被引进爱尔兰，中间人介入到了地主和农民之间。中间人在向地主支付固定租金租借土地后，再将所持有的土地分割成小单位，以高昂的租金借给贫民。对于地主来说，这一制度的引进既可以继续收取租金，还能将自己的耕地交给中间人管理，可谓是一举两得。渐渐地，地主们无需再去爱尔兰管理所属的耕地。其中，这些生活在英国本土的地主被称为“不在地主”。

图 2–27 为画家罗伯特·西摩（Robert Seymour）所作的《不在者》。画中的不在地主过着极其富饶的生活，家中摆设着高级家具和地毯，桌子上摆满了美味的食物和酒，并享受着音乐演奏。主人公和女人坐在一起，窗外可以看到那不勒斯港口和维苏威火山。虽然男主人公正在意大利海岸度假胜地悠闲地度假，但是一想到远在爱尔兰那些饿死的农民的惨状，男人的内心就立刻乱作一团。维苏威火山喷出的火柱也充满了不祥的预感。早在 19 世纪上半期，常年因贫困和饥荒而饱受折磨的爱尔兰人早已失去了希望，每天痛不欲生。画家批判性地描绘出了贫富悬殊的社会现实，并希望以此画督促不

图 2–27　罗伯特·西摩，《不在者》，1830 年
心神不宁的英国不在地主

在地主们的道德觉醒。

然而，爱尔兰贫农的处境丝毫没有好转的迹象。中间人屡次以租金为由从中作梗，最终，无法承担高额租金的农民被赶出了耕地。哪怕在19世纪爱尔兰合并成了英国的一部分，农民的处境仍没有任何变化。在当时，爱尔兰农民是英国最为贫穷的群体，在社会的话语权相当低。因此，当时的爱尔兰农民被认为是处于社会最下层的存在。与世界上第一个引领工业革命并拥有当时世界最高水平的工业生产力的英国相比，爱尔兰的地位显得无足轻重。而大多数英国人似乎对这种微妙的关系心照不宣。

低收入阶层食用的“恶魔植物”

贫穷的爱尔兰人时常被饥饿问题困扰着。因为生活太过穷困，生存受到威胁似乎已经成了家常便饭。在16世纪，西班牙征服者在到达美洲后，将土豆带回了欧洲。于是，土豆渐渐成了爱尔兰人的新食粮。在当时，土豆传入欧洲后，很快便传播到了欧洲各地，人们对这一新物种充满了好奇。从未见过土豆的欧洲人发现，即使在贫瘠的土壤和潮湿的气候下，土豆也能茁壮成长。没有犁等农具，只要有铲子等简单的农具就能种植土豆，非常方便。

此外，土豆还具有能长期贮存的优点，并且容易料理，无需烤箱也能制作。在营养学方面，土豆还能预防坏血病。如果适当与牛奶一起食用，能够补充钙和维生素A，有助于营养均衡。仅从这一特性来看，土豆完全有理由能成为受人们欢迎的农作物。

图 2-28 《画刊时代》(*Pictorial Times*), 1846 年
穷困的爱尔兰家庭与家禽和猪一起居住在狭窄的窝棚里

然而，现实却截然相反。土豆非但不受人们的欢迎，反而被打上了“卑劣阶层的食粮”的标签。有些人甚至认为土豆是“恶魔植物”。土豆表面粗糙且形状不规则，甚至有的土豆表面还有着类似妈妈痕迹的凹陷[①]。因此，人们似乎瞧不上这种农作物。除此以外，人们还认为土豆之所以具有这种形状，是因为其中具有某种恶魔的属性。与人们以往对农作物的认知不同的是，无论是多么贫瘠的土壤，土豆都不受影响，仍能够茁壮成长且具备强大的繁殖力。

正是由于这种独特的属性，马铃薯被人们视为一种不敬且危险的作物。如果具备一定的购买力，人们会更倾向于消费土豆以外的其他农作物。最终，这种消费倾向导致了消费阶层的分化。高收入阶层消费经过加工的小麦面包，中低阶层主要消费黑麦面包和燕麦粥，而低收入阶层只能以土豆为食。

① 在韩国，因感染天花后留下的麻子疤痕又被叫作“妈妈痕迹”。——译者注

图 2-29　文森特·梵高,《篮子里的土豆》，1885 年
土豆成了穷人赖以生存的食粮

渐渐地，在欧洲贫困人口较多的国家，土豆被广泛推广和消费。文森特·梵高（Vincent van Gogh）所作的《篮子里的土豆》便如实地反映了这种社会状况。对于一辈子在贫困中挣扎的梵高来说，土豆是再熟悉不过的东西。除了这幅画之外，他还画了很多以土豆和吃土豆的人为素材的画。在同一时期，以乡村风俗画闻名的让－弗朗索瓦·米勒（Jean-François Millet）也经常画与土豆有关的画。在这些画家画作的影响下，土豆进一步成了贫困的象征。

在低收入阶层尤其多的爱尔兰，土豆的广泛传播绝非偶然。土豆是爱尔兰人最合适的食粮这一事实体现在诸多方面。例如，即使在不肥沃的土地上，也能茁壮成长、无需经常管理、烹饪方法也很简便。于是，土豆成了贫困农户不可缺少的作物。

另一方面，爱尔兰无法为贫穷的农民提供足够的工作。因此，农民们为了寻找工作，不得不往返于爱尔兰和英格兰。春季，他们在爱尔兰的家附近的地里种植土豆，然后前往英格兰，并在当地的农场领着微薄的薪水，做着日工辗转谋生。等到秋收期结束后，爱尔兰农民就会回到故乡，收获成熟的土豆作为食粮储存起来，用来养活家人。

土豆晚疫病的流行

那么，如果人们赖以为生的土豆突然出现问题会导致什么样的后果呢？这种令人难以想象的问题就发生在19世纪中期。从1845年开始，欧洲各地相继发生了土豆晚疫病。随着病菌的逐渐蔓延，特别是对爱尔兰造成了巨大的打击。土豆感染病菌后，整体就会发生腐烂并呈黑褐色，霎时间田间长满了霉菌。1846年和1847年，土豆晚疫病的势头仍丝毫没有减弱的迹象。土豆的收获量惨不忍睹，无

图2–30　乔治·沃茨（George Watts），《爱尔兰饥荒》，1850年
画中的父母正抱着饿死的孩子，这种心情你是否能感同身受？这种悲伤的心情就像整个世界都倒塌了一样

数人因饥饿而叫苦不堪。灾难往往祸不单行，土豆的歉收本就导致许多人出现了营养不足和虚弱的症状，而霍乱和斑疹伤寒的突然造访更是让人们雪上加霜。

图 2-30 描绘了大饥荒中的爱尔兰家庭。焦急的父母只能眼睁睁地看着孩子饿死，生动地传达了这种充满绝望和悲叹的心情。

当时，因饥荒和传染病而死亡的人数暴增。据历史学家推测，在长达 5 年的爱尔兰大饥荒期间，失去生命的人多达 100 万人。也就是说，爱尔兰 10% 以上的居民死于这场饥荒。即使勉强保住了性命，也仍要继续面临饥饿和疾病的折磨。可以说，当时的爱尔兰人陷入了难以自保的绝望困境。

自由放任主义政策下被牺牲的人们

有没有办法能够避免爱尔兰的这场大灾难呢？土豆晚疫病作为这场大饥荒的诱因，在当时很难从根本上阻断其发生。这是因为在当时，人们对动植物疾病传播的相关知识非常有限。并且，对于传播给人类的传染病，也无法提出有效的对策。

纵使如此，如果统治者能在粮食歉收并演变成饥荒时，适当地提出口号并及时制定粮食供给对策，是否能在一定程度上避免大规模饿死的悲剧发生呢？有人可能会提出疑问，当时的爱尔兰不是实际上由富国的英国统治吗？然而，令人们吃惊的是，英国政府在饥荒初期却采取了消极的救助态度。实际上，粮食分配如同空谈，提供工作岗位的公共劳动事业也收效甚微。

最根本的问题在于政府信奉自由放任主义政策，并对实施与之相反的任何政策都犹豫不决。例如，英国政府并没有控制爱尔兰农产品出口到国外。在当时，爱尔兰除了种植土豆之外，还种植了许多其他的农作物。但是，贫穷的爱尔兰人由于不具备购买力，所以无力消费。因此，他们也只能无奈地看着在自己的土地上种植的粮食被运到外部。

图 2-31　图中爱尔兰人正在抗议粮食的出口

此外，负责救助工作的高层官员的态度也存在严重的问题。当时由查尔斯·特里维廉（Charles Travelyan）负责救助工作，然而，他似乎并不适合这份工作。在他看来，上帝是为了给懒惰的爱尔兰人留下一个惨痛的教训，而故意引起了饥荒。对于持有这种世界观的原教旨主义者来说，似乎很难期待从其口中听到积极的口号。

因深入研究贫困问题而获得诺贝尔经济学奖的阿马蒂亚·森曾对很多历史上发生的饥荒进行分析。他认为，饥荒的根本原因在于分配系统出现了问题，即粮食无法分配给有需要的人，而不在于粮食的绝对不足。爱尔兰的大饥荒亦是如此。假设当初禁止爱尔兰产农产品流向海外，并且富有的英国从一开始就积极实施救助政策，那么也不至于演变成如此严重的饥荒。

背井离乡的爱尔兰人

在这场灾难中，侥幸捡回一条命的人们仍旧不能懈怠下来，如何生存下去这一问题尚未解决。对于这些爱尔兰人来说，祖国的现实是残酷的，未来是黑暗的。一些地主们为了减少向政府缴纳的税金，甚至无情地将那些无法缴纳租金的农民从房子和农田中驱逐了出去。经济陷入困境的爱尔兰无法再为农民们提供新的就业机会。于是，人们决定在海外寻找新的生机。一部分人移民去了英格兰和苏格兰，一部分人甚至移民到了更远的地方。特别是拥有广阔的土地，劳动力不足的美国、加拿大、澳大利亚备受移民者的青睐。

移民者的心情如何呢？让我们来看看画家厄斯金·尼可（Erskine Nicole）的画作吧。尼可在年轻时曾在爱尔兰的都柏林生活过，并目睹了大饥荒的残酷。后来，尼可将这段经历呈现在了自己的画作中。首先，我们一起来看看这幅名为《外出》的画作。画中的主人公是一位衣衫褴褛的男人，他戴着褶皱的帽子，穿着破旧的外套，肩上背着行李，正在仔细阅读墙上的广告。这是一艘前往纽约的远洋客轮的广告。图中饱受贫困的爱尔兰男子正在考虑是否要逃离这令人绝望的生活移民到美国。仔细看的话，男子手里还拿着

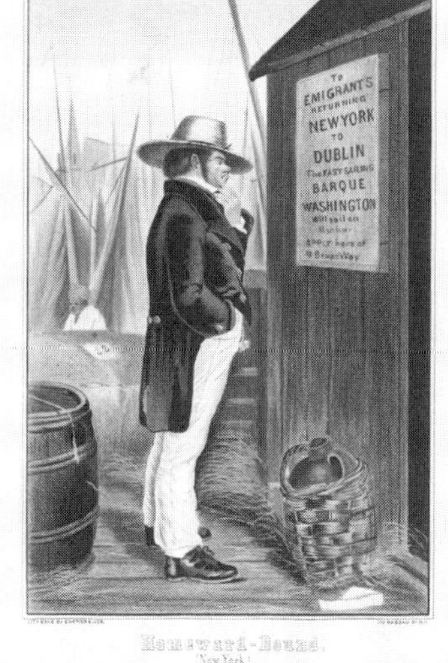

图 2–32　厄斯金·尼可,《外出》和《回家》, 1860 年
在都柏林港口憧憬着去纽约的爱尔兰人和在纽约港口梦想着回都柏林的爱尔兰人

一枚硬币。或许画家是想表明，男人连移民所需的船费都不够。然而，现实越是贫困，人们越是愿意为了新的生活而冒险。

那么，这个男人未来如何呢？下面请让我们看看右边这幅名为《回家》的画作。画中的主人公为了在纽约定居下来吃尽了苦头。但是，多亏了这些辛苦，男人如今的生活过得还算滋润。衣着变得整洁，表情和动作也变得更从容不迫。虽然现在已经不必再为生存殚精竭虑，但是男人的心却一直牵挂着自己的故乡爱尔兰。他正苦恼是否要再次搭乘远洋客轮回到故乡。不过不同的是，这次的苦恼已经变成了幸福的苦恼。年轻时身不由己，只能选择移民的男主人公如今可以自己做主前往想去的地方。

在爱尔兰大饥荒之后的数十年间，无数爱尔兰人为了谋生，只能无奈地拖着疲惫的身体在远洋航海船上漂泊。本页的画作描绘了移民船出海的场景。画中客轮的甲板上挤满了移民，船外的家人不舍地向离开的人道别。再见不知是何时，真是令人惋惜。仔细看的话，我们会发现船上的移民中年轻男性居多，而站在港口送行的人中女性、儿童和老人占绝大多数。这是由于青年们的身体健壮，相对来说有很多的工作机会，所以才将家人留在了故乡，独自前往遥远的大洋彼岸。

图 2-33　查尔斯·斯坦尼兰（Charles Staniland），《移民船》，19 世纪 80 年代。

图中爱尔兰移民们为寻找工作机会，登上了远洋航船

从这幅画中可以看出，移民船的环境非常恶劣。不难想象，用低廉的钱币就能买到的船票，其环境是怎样的艰苦。有些船舶甚至被叫作“棺材船”，这些船舶发生事故的危险性也非常高。但是，可怜的爱尔兰人也只能孤注一掷，即使远方充满了危险，也只能把自己的一切交给命运。

大饥荒以后，每年约有 25 万爱尔兰人为了寻找新的生活家园，

乘坐客轮，越过大西洋。正是这次爱尔兰大饥荒导致的大规模移民，如今北美洲人口中爱尔兰人才占据着很大的比重。图 2–34 是位于美国马萨诸塞州剑桥市的一座追悼铜像。在美国和加拿大，到处都矗立着这种铜像。无一例外，这些铜像刻画了人们都身着穷困的装扮，脸上挂着惆怅的表情以及依依不舍的动作。在繁荣和贫困并存的大分流时代，这些雕塑形象地展示了穷人的忧郁与坎坷曲折。

图 2–34　图为位于美国马萨诸塞州剑桥市的爱尔兰大饥荒追悼铜像
© Another Believer

全球化后
动植物传染病的危险

一直以来，我们对人类造成直接危害的传染病往往很重视。这是因为当这种传染病发生时，我们能够切身感受到危险的逼近。但值得注意的是，动植物传染病也会对人类造成巨大的威胁。上文提到的土豆饥荒就是最典型的例子。特别是，这种植物或动物如果属于人类的消费对象，那么其产生的威胁就会更加快、更严重地波及人类。

哪怕是在今天也不例外。虽然在过去的很长时间里，人类对动植物之间流行的传染病认识不断提高，防疫技术也取得了相当大的进展，但是部分动植物传染病仍对我们造成了很大的危害。下面，让我们一起来分析几个具有代表性的事例。

提起口蹄疫（foot-and-mouth disease）的话，大家对此多少有点生疏。口蹄疫是指发生在口腔和蹄部的传染病。与其他传染病不同的是，口蹄疫病毒只发生在偶蹄类动物[①]身上。牛、猪、山羊、鹿、骆驼等属于这类动物。该病毒进入动物体内后，动物的嘴部和蹄部周围就会出现水泡，还伴随着高烧和剧烈疼痛的症状。口蹄疫的死亡率高达75%，主要通过空气传播进入呼吸道。不过，也有研究证明，口蹄疫通过其他途径也可以传播。例如，狗或狼如果啃咬感染口蹄疫的动物骨头并到处移动的话，口蹄疫也会传播。此外，该病毒还会附着在人的衣服或车辆表面进行传播。

口蹄疫病毒的感染速度非常快，因此很难及时应对。而预防口蹄疫对人类来说尤其重要，这是因为大部分容易感染口蹄疫的动物都属于家畜。也就是说，一旦口蹄疫暴发，饲养牛和猪的农户将遭受致命的打击。虽然已经研究出治疗口蹄疫的疫苗，但是功效尚不完全，也没有特别有效的治疗方法。所以，家畜一旦发病，一般都会选择扑杀处理。因为这是防止病毒传播最有效的方法。

① 偶蹄类是到目前为止进化得最为成功的有蹄类动物，现代大多数有蹄类动物都属于偶蹄类。偶蹄类的得名依据主要就是因为前后脚的趾数都是偶数——2 个或 4 个。引自中国科学院古脊椎动物与古人类研究所——译者注

图 2-35 图为韩国江陵消防署义勇消防队开展的口蹄疫防疫活动，2011 年
© 崔光模（音译）

口蹄疫病毒是世界上最早发现的动物病毒。早在 1870 年，美国东北部沿海地区就曾有过口蹄疫相关的报道，并在 1914 年通过牲畜市场大规模传染。据悉，在当时用于阻止病毒传播投入的费用就达 450 万美元（相当于现在的 1.4 万亿韩元）。

此后，口蹄疫病毒在世界各地传播开来。1997 年，中国台湾地区作为世界猪肉出口地区之一，暴发了大规模的口蹄疫。由于当时不少农户将人类食物残渣作为喂猪的饲料，因此受到的打击尤为严重。为此，台湾方面投入了 69 亿美元（相当于现在的 13 万亿韩元），宰杀了 380 万头猪。2000 年，随着口蹄疫在英国的传播，英国政府花费了 80 亿英镑（相当于现在的 23 万亿韩元）用于防治口蹄疫带来的社会问题。2011 年，口蹄疫又在韩国扩散，导致数百万头牛和猪被宰杀。除了可怜的家畜外，农民们还要目睹自己精心饲养的家畜是如何患病并被扑杀，承受巨大的心理痛苦。

除了口蹄疫外，人们还应注意非洲猪瘟（African Swine Fever，ASF）等新型动物传染病。虽然只有猪科动物会感染非洲猪瘟，但是病死率却接近100%。非洲猪瘟病毒通过被感染动物的唾液或粪便进行传播。在没有热处理的情况下，用食物残渣喂猪时也会导致病毒传播。此外，衣物或车辆也可能成为感染的媒介，甚至携带病毒的蜱虫在吸血时也会传播。虽然人类不会被这种病毒传染，但是被感染的猪肉一旦流通到市场，就有可能会传染给其他猪。因此，政府会限制感染地区猪肉的流通。最近，非洲猪瘟还会以海外游客的衣服或食物为媒介，在国家间进行传播。

非洲猪瘟自20世纪20年代被媒体报道以来，一直发生在非洲撒哈拉沙漠以南的地区。20世纪50年代末，病毒扩散到欧洲的伊比利亚半岛。到了20世纪90年代，西班牙和葡萄牙宣布非洲猪瘟被扑灭。自2007年以来，非洲猪瘟又扩散到了东欧、俄罗斯、伊朗等地区，成为地方性流行病。2018年中国也暴发非洲猪瘟疫情，很快疫情又扩散到了蒙古、缅甸、越南等国家。2019年，非洲猪瘟在朝鲜暴发，不少韩国专家担心病毒会以非武装地带的野猪为媒介传入韩国。同年，京畿道的养猪场首次暴发了该传染病。之后邻近地区也相继出现了非洲猪瘟。目前为止，尚未研发出针对非洲猪瘟的治疗剂和疫苗。因此，除了对感染的猪进行100%的扑杀和采取防治措施以外，几乎没有其他应对方法。

基因单一化的潜在风险
——以香蕉为例

除了动物传染病以外，也存在着植物传染病。特别是全世界每天大量消费的香蕉存在着暴发传染病的风险。在今天，全世界每年约生产 1 亿吨香蕉，其中近 20% 用于出口。韩国每年的香蕉进口额约 4 亿美元（4 800 亿韩元），在进口水果中排名第一。我们之所以以香蕉为例进行说明，并不是因为香蕉味道好或是价格便宜，而是因为香蕉在传染病方面有着非常独特的历史。

与其他水果或农产品相比，香蕉所具有的最特殊属性在于今天全世界人民消费的香蕉实质上属于同一个品种，这种品种名叫香芽蕉（Cavendish）。香芽蕉的繁殖方式不是通过人们播种栽培，而是以嫁接在性状优良的香蕉植株上的方式繁殖。然而，这一品种从正式开始栽培到席卷世界香蕉市场不过 70 年。在此之前，主要以大米七（Gros Michel）品种为主。20 世纪 50 年代，由霉菌引起的巴拿马病大规模暴发，全世界香蕉农户一度面临重大的危机。万幸的是，后来研究出的香芽蕉品种有效地逆转了这一局面。与大米七品种相比，香芽蕉品种虽然存在不够甜、口味稍差的弱点，但是却具有不被巴拿马病感染的优点。得益于香芽蕉品种的出现，香蕉再次成为世人喜爱的水果。

但是，随着近些年来巴拿马病变种香蕉枯萎病热带第 4 型的传播，香芽蕉品种正面临着致命的危险。该疾病甚至被人们称为“香蕉不治症”，可见对香蕉具有何等的威胁性。自 20 世纪 80 年代在中国台湾地区首次发现后，这种病毒逐渐扩散到中国大陆及东南亚多个国家。从 2010 年以后，有人主张香芽蕉品种正面临着与当时大米七品种一样的灭绝危机。遗憾的是，到目前为止，人类还未能开发出代替香芽蕉的新品种。

以上就是为适应人类需要，香蕉所经历的基因单一化的历史。如果只种植和流通具有单一性状的香蕉，当然有许多对人们有利的方面。例如，可以保证所食用的口味一致、有利于包装和运输、可以采取统一的防疫方式等。因此，香蕉的基因单一化很容易实现香蕉市场的扩大。即人们可以享受产品标准化带来的优点。但是，同样也存在着基因被统一后，因发生传染病而导致香蕉快速灭绝的危险。

通过扩大基因的多样性促进生物进化，可以在周围环境变化的冲击下避免灭绝。这一过程可以看作是确保遗传安全网的过程。人类为了生产便利和经济利益而将香蕉的基因单一化、标准化的例子不禁让人想起了 19 世纪爱尔兰的土豆晚疫病事件。这不得不令人深思，我们究竟能否避免香蕉的灭绝，并在未来创造出更多安全的品种呢？

图 2-36　感染巴拿马病后的香蕉叶

9

正式拉开大流行序幕的疾病：霍乱

是霉菌？

或是昆虫？还是电力干扰导致的？

是臭氧不足？

或是内脏排出带有病菌的残渣造成的？

我们就像漂浮在名为“臆测漩涡”的海面上。

真相到底如何，已然无从得知。

——

医学期刊《柳叶刀》（Lancet）社论，1853 年

逐渐建立依存关系的世界化进程

今天，我们对“全球化”这一概念已经非常熟悉，无须再作任何解释。全球化是个人、个别的团体、文化圈不断扩张并打破地理局限性的过程。换句话说，全球化是世界各个地区超越过去的政治、经济、文化、社会壁垒，实现紧密连接的过程。通过全球化，人们能够与其他地区的人们进行沟通并相互依存。这种相互依存关系对外以较为直观的形式（例如贸易、移民、旅行等）体现出来。有时，在人们不易察觉的情况下也能形成相互依存的关系。

乍一看，全球化的过程似乎是非常现代化的现象。实际上，促进当今全球化的主要事件却只有 30 多年的历史。政治层面上，20 世纪 90 年代初，苏联解体后，一些东欧的国家从社会主义转变为了资本主义。经济层面上，从 20 世纪 80 年代开始扩散的新自由主义（Neoliberalism）思潮在世界范围内的影响力不断扩大。即尽量减少国家的介入，并尽可能地依赖市场。政府放宽规制、促进贸易开放、劳动市场更加灵活、资本市场更加自由等现象意味着国家的界限变得不再那么重要，跨境贸易和交流进一步扩大。此外，这一时期信息通信技术得到了飞速的发展。随着互联网的普及和通信技术的发达，世界各地实现知识交流和信息沟通所需的费用大幅度减少。也就是说，阻碍知识和信息自由移动的技术壁垒被打破。可以说，过去的 30 年间，政治、经济、技术的变化激起了全球化的浪潮。

在 20 世纪 90 年代以前也曾出现过全球化现象。具有代表性的事例就是在 19—20 世纪初期，随着西方列强相继加入工业化行列，这些国家的经济以贸易、金融和消费为媒介，相互交织，形成了一定的依存关系。此外，在这一时期，没有追赶上全球化潮流的很多国家和地区则成了列强的殖民地。因此，可以说这一时期是列强自发进行全球化，而落后的国家被强制卷入全球化的时期。

当然，在这之前也能找到全球化的痕迹。18 世纪中叶至 19 世纪中叶，英国发生的工业革命大大地提高了生产力，重新书写了世界经济格局。大量生产的商品首次跨过大洋，销往其他大陆。虽然在重商主义时代也曾有进行过远程贸易，但是贸易对象大多为价格昂贵且稀少的商品。再往上追溯的话，15 世纪后半期开启的大航海时代也是一座书写全球化历史的里程碑。通过新的航线，从前只在内部进行交易和交流的旧世界和新世界开始相互连接，并形成了单一的经济单位。大航海时代将整个地球统一为一个系统，在全球化历史进程中占据着重要的地位。

让我们顺着历史的脉络继续梳理。蒙古帝国建立了当时世界最大的帝国，并引领了具有开放性的贸易体系时代，在此之前是由中国和伊斯兰世界主导的技术和贸易时代，罗马帝国使欧洲大部分地区进入由单一秩序统治的时代，再往上追溯，就是各地区间的强国实现昌盛的文明时代。这些时代都可以称之为“小全球化”时代。由此可见，全球化的历史是如此悠久。在本章中，笔者仅对近代以后，全球化浪潮正式开始的 19 世纪进行论述。

五次大规模传播的霍乱

19 世纪，随着工业革命的浪潮蔓延到了许多国家，这一时期全球化进程取得了显著进展。交通和通信的大跨步式发展，人与物资实现了大规模的跨地区交流运输。与此同时，疾病也迅速扩散开来。就像中世纪的东西方贸易导致了黑死病的大规模流行一样，在这一时期，一些疾病从地区性流行病转变为了大规模流行传染病。其中，规模最大的疾病就是霍乱。

霍乱共经历了五次大规模扩散。下面的表格显示了在 19 世纪，在世界范围内霍乱传播速度之快与范围之广。第一次传播发生在 1817—1824 年，该疾病始于印度的孟加拉地区，并向西传播到了地中海东部和非洲北部地区，向东传播到了东南亚、中国，随后又扩散到了韩国和日本。第二次传播发生在 1826—1837 年，霍乱从印度出发，对西亚和欧洲地区造成了巨大打击，东亚部分地区也未能幸免，受到了霍乱的袭击。特别是欧洲，在此次大传播中受到了巨大的影响，包括波兰在内的东欧地区和俄罗斯损伤惨重。此外，霍乱还蔓延到了北美洲，15 万人因此丧生。

流行次数	时间 / 年	主要流行地区
第一次	1817—1824	印度、东南亚、东亚、中东、地中海东部
第二次	1826—1837	波斯、阿富汗、欧洲、俄罗斯、北美洲
第三次	1846—1860	俄罗斯、北美洲、南美洲
第四次	1863—1875	印度、南欧、北非、美洲
第五次	1881—1896	印度、欧洲、亚洲、美洲

图 2–37　丹尼斯·拉菲特（Denis Raffet），《野蛮和霍乱进入欧洲》，1831 年

当时波兰因起义和瘟疫而乱作一团

图 2–37 描述了第二次霍乱暴发时的波兰。当时，波兰饱受俄国的压迫。为了反抗俄罗斯的暴力镇压，1830 年波兰人发起了起义。画中俄国沙皇被描绘成了野蛮的巨人，众多波兰人正在齐心协力对抗沙皇的压迫。但是仔细看的话，在巨人的身后，一个骷髅模样的

幽灵手里正拿着一把长长的镰刀。这个幽灵是“死亡之神”，象征着当时在波兰登陆的霍乱。这表明，在这次冲突中，无论俄国和波兰谁取得胜利，双方最终都会因霍乱受到致命的打击。

霍乱的三次传播发生在 1846—1860 年。霍乱不仅传播到了北美洲，还蔓延至了南美洲。据推测，仅俄国就有超过 100 万人因感染霍乱而死亡。接着，1863—1875 年发生的第四次霍乱传播范围史无前例的扩大。此次暴发的霍乱从印度出发，扩散到了意大利和西班牙以及更广泛的地区，用“大流行”一词来形容此次传播毫不为过。

霍乱的第五次传播发生在 19 世纪末的 1881—1896 年。此次霍乱起源于印度，并在亚洲和美洲广泛传播。在发生第五次霍乱的 1883 年，德国生物学家罗伯特·科赫（Robert Koch）成功从印度霍乱患者的粪便中分离出霍乱弧菌。此后，人们开始尝试将细菌与疾病原因联系起来，这意味着通过医学手段来阻止霍乱传染的决定性转机的到来。终于，在 1885 年，人们研制出了最初的霍乱疫苗。1948 年，抗生素的出现打开了有效治疗霍乱的大门。

在 19 世纪，霍乱的迅速扩散主要有以下原因。第一，在当时，英国的船舶经常往返于本土和印度的孟加拉地区，推动了霍乱从亚洲向欧洲的传播，后文笔者会对此进行详细的介绍。霍乱本是孟加拉地区的本土传染病，随着英国的殖民统治者、商人以及军人的脚步穿越了大洋，最终传播到了欧洲。第二，这一时期的俄国展开了南下攻击政策。当时，在俄国征服的众多地区都生活着伊斯兰教徒，经常去圣地巡礼的伊斯兰教徒们则很容易感染这种传染病。

在第四次大传播的 1865 年，印度孟买的许多伊斯兰朝圣者乘坐蒸汽船，经由也门前往圣地麦加。这时正逢霍乱大规模猖獗的时期，虽然朝圣者们慌忙躲避病菌的感染，但仍未能阻止霍乱随之扩散。

图 2–38 正在接种霍乱疫苗的印度加尔各答居民们，1894 年

最终，霍乱经埃及苏伊士一带传入地中海和黑海沿岸的港口城市，再次传播到土耳其、意大利、法国、西班牙、德国、俄罗斯等国家，席卷了欧洲全境。

不卫生的环境和水的重要性

在前文中，我们在讨论黑死病时，发现在各地区进行交流的过程中，不仅促进了贸易和交流的全球化，还有可能导致疾病的全球化。全球化与疾病的密切关系超越了时代的局限性。中世纪的黑死病、大航海时代的天花、19 世纪的霍乱如实地证明了这种关系的存在。与以老鼠和寄生在老鼠身上的跳蚤为媒介进行传播的黑死病不同，霍乱是以水为媒介进行传播的，也就是所谓的介水传染病。因此，下面我们将以“水”作为出发点进行讨论。

水是人类生存所需的物质。不仅我们进行身体活动需要水分，烹饪食物、清洁身体、洗涤衣服都离不开水。工业化时代以后，水还被用作各种物质的基本原料，以及用作冷却机器设备等用途。可以说，人类文明的发展过程也是人类对水利用方式的改进过程。

虽然水对于人类是必不可少的，但是水被污染后反而会对人类造成严重的危害。在经历了漫长的历史岁月后，人们渐渐了解到了水和疾病之间的关联性。无论古今中外，人们对喝干净的水才能保持健康的这一想法都是一致的。在美索不达米亚和埃及，人们认为水容易被细菌污染，因此大量饮用啤酒。此外，希腊的希波克拉底还建议人们饮用去除杂质的水，中国人则保持着喝开水或热茶的习惯。中世纪以后，法国人喜欢饮用从地下深处提取的水。随着近代贸易的不断活跃，英国人对从亚洲进口的茶情有独钟，并认为对保持健康有所助益。对于生活在城市的人来说，完备的水道设施非常重要。早在两千年前，罗马帝国就具备了完善的供排水设施。然而，在进入中世纪以后，这种技术设施反而被搁置在一旁，甚至一度进入了卫生状况倒退的时期。在中世纪，人们把水从井里和泉水取出来后，常常会将污水随地倒掉。这导致饮用水很容易被污水污染，卫生条件直线下降。

近代以后，随着城市化进程进一步加快，世界各地不断进行工业化。盲目开发的城市居住地威胁着人们的健康，人类的排泄物、食物残渣、腐烂的垃圾散发着恶臭，河水也被严重污染。在这种环境下，病原菌十分容易扩散。先不说人们缺乏对疾病原因的了解，即使了解到病菌的危害，对于在恶劣的劳动环境和居住环境中工作居住的低收入阶层来说，却也无力改变这种现状。此外，政府也没有及时制定出有效的对策。根据 19 世纪的统计数据，居住在城市的人们的平均寿命要远低于农村地区。造成这种差距的重要原因之一就是传染病的频繁传播。

图 2–39　威廉·希思（William Heath），《泰晤士河变成怪物汤》（*Monster Soup Commonly Called Thames Water*），1828 年

画中，一位市民在显微镜下观察到从伦敦泰晤士河中的水中含有大量的微生物后大吃一惊

图 2–39 生动地描述了伦敦的泰晤士河受到的污染之大。1828 年，政府将关于泰晤士河水质的报告内容以图画的形式展现出来。我们可以看到，水中充满了各种形状的微生物。画中丑化了鱼、虾、小龙虾、海星等海洋生物的形态，并以此来比喻污染水质的各种微生物。对于将泰晤士河用作饮用水源的伦敦市民来说，充满"怪物"的河水无疑是可怖的。或许是画家想将这种震撼反映到画中，画中的主人公用显微镜观察到各种微生物后吃惊不已，以至于手中的茶杯掉落在地。

令人疼痛不已
又难为情的霍乱

霍乱是由霍乱弧菌（Vivrio Cholerae）感染引起的疾病，病菌进入人体后，在经过 16 小时至 5 天的潜伏期后，就会出现相应的症状。在感染霍乱后，患者会出现严重的呕吐和腹泻，以及由此引起的脱水现象和体温下降，将患者折磨得筋疲力尽。此外，患者的身上还会分泌冷黏的汗水，皮肤出现松弛，脸色发白、发青，甚至变黑，脸部皱纹也会加深。不仅如此，身体肌肉会变得僵硬或痉挛。严重者还会失去意识，陷入昏迷状态甚至死亡。据统计，霍乱的致死率高达 50%。

然而，患者需要承受的痛苦远不止于此。不知何时会发生的腹泻和呕吐常常令患者面临尴尬的情况。与他人同席的患者只能强忍着羞耻，忍受周围充满厌恶的冷漠眼光。也就是说，患者不仅要忍受着感染霍乱带来的痛苦，还要克服这种尴尬情绪。

更加复杂的是，除了霍乱以外，一些其他疾病的主要症状也表现为腹泻。从 1848 年开始，英国在全国范围内进行了死亡统计调查，还调查了与霍乱症状相似的痢疾和腹泻。但是，一些专家认为，由于人们无法明确区分这三种疾病，所以在一定程度上会影响调查的准确性。具体差异表现为：相对来说，霍乱发病的年平均差异较大，而痢疾和腹泻则较小；霍乱是间歇性发生的感染性疾病，而痢疾和腹泻是经常发生的地区性疾病。但是，普通人很难对此进行区分。因此，有人提出，只有三种疾病加在一起的项目——“大肠排出”才具有统计意义。

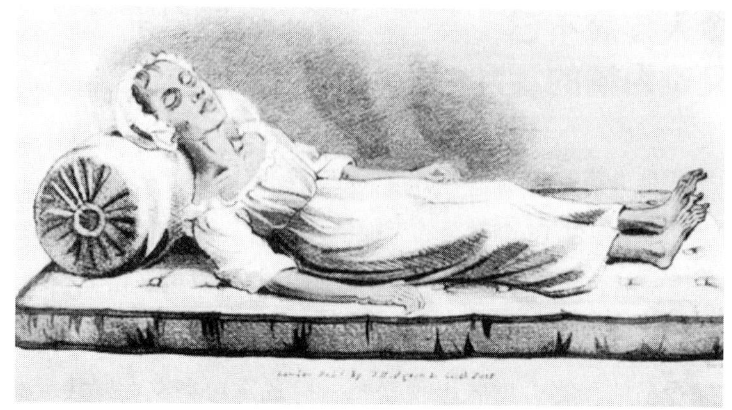

图 2-40　感染霍乱的患者脸色青白，无力地躺在垫子上
©Wellcome Collection Gallery

但是，如果有人声称自己并不是感染了霍乱，只是得了没有传染性的痢疾，人们是否觉得可信呢？答案显而易见。万一那个人是为了避免尴尬的局面而临时编造的谎言？万一是因为那个人得了霍乱，但是本人没有察觉出来两种疾病的差异才这么说的？是不是怕被打上霍乱患者的标签才向别人说谎的呢？实际上，这些想法与（近些年来）大规模传播的新型冠状病毒在本质上是相同的。试想一下，如果有人说自己并没有感染新型冠状病毒，只是因为过敏性哮喘而咳嗽的话，我们又会做何反应呢？

过去的人们如何看待霍乱？

霍乱以被粪便和呕吐物污染的水和食物作为媒介进行传播。霍乱弧菌经过胃部到达小肠和大肠后，会大量地繁殖并释放出毒素，而这种毒素是导致腹泻和呕吐的主要原因。在今天，研究数据表明，当人体接触1亿—100亿个霍乱弧菌时会发生感染。但是，对于19世纪首次接触霍乱弧菌的人们来说，霍乱是由霍乱弧菌引起的这一事实却是无比陌生的。那么，当时的人们是如何理解霍乱的呢？

在过去，人们认为腐烂后的物质会污染空气，而人们吸入这种被污染的空气后就会被感染。也就是说，“瘴气”被认为是引起疾病的原因。最早提出这一主张的人是希腊的医师希波克拉底。他指出，在发生地震、洪水、火山爆发等自然灾害之后，传染病之所以会迅速扩散是因为空气中充满了腐败物质产生的小颗粒，人们在吸入这种有毒蒸汽后就会发病。从中世纪的黑死病到19世纪的霍乱，瘴气是众多传染病暴发的根本原因这一观念，被大众广泛接受。

图 2-41　罗伯斯·西摩，《寻找霍乱类似病例的伦敦卫生委员会》，1832 年

图2-41描写了19世纪30年代英国伦敦的街头风貌。据悉，霍乱首次在英国登陆的时间是1831年。在这幅画中，负责伦敦公共卫生的保健委员会职员们为了找出与霍乱类似的事例，正对可疑地区进行仔细排查。职员们正在仔细翻找猪圈、下水道、草堆等可疑场所，以防错过任何一个地方。他们通过闻味道来寻找传染源，这一

方法便是基于“腐败的空气进入人体后会引发疾病”的“瘴气理论”而展开的。特别是在烟雾围绕的英国，人们理所当然地认为瘴气就是传染病的主犯。如果腐败的空气是导致疾病发生的原因，那么治疗的方法是什么呢？在当时，大部分人认为，新鲜的树叶、香气浓郁的药草、添加大量香料的茶对预防霍乱有效。

图 2–42　预防霍乱的服装，1832 年
©Science Museum，London

在当时尚未提出病原菌这一概念的情况下，人们如何查明霍乱的真正原因呢？万幸的是，大多数人们不再像古代和中世纪一样，认为疾病是神对堕落的人类感到愤怒而降下的刑罚。全球化时代下带来的交通和通信变革令很多人意识到，霍乱并不是只在特定国家发生。因此，越来越多的人认为，从宗教的角度分析传染病是缺乏说服力的。

这一时期人们创作出的画作也十分耐人寻味。1832 年，霍乱扩散到伦敦后，陷入恐惧之中的市民们为了预防疾病而绞尽脑汁。图2-42 中的主人公为了保护自己免受霍乱的侵害，使用了各种“保护装备”来武装自己。仔细观察这些保护装备的话，我们可以看到主人公的左手握着洋槐树、右手握着杜松、嘴里咬着栎树、口袋里还装满了香草。画中讽刺性地写道：“如果没有备齐这些保护装备，霍乱就会最先攻击你。”海报批判了那些只相信没有科学依据的俗谚的人。这种毫无根据的做法不仅无法阻止霍乱的传播，甚至更易置人们于危险之中。遗憾的是，即使人们意识到这种“土方法”没有效果，也无法找到真正有效的方法来预防感染。

直到 19 世纪后期，各种用来对付霍乱的民间方法仍在公众中广为流传。例如，很多人认为只有保持腹部的温暖，才能预防霍乱，故而戴上了厚厚的腹带。此外，用向日葵或番茄糖浆预防霍乱的方法也被人们尊为妙方。在疫苗和抗生素问世之前，这种方法在民间的影响力就像霍乱的传播一样广泛。

席卷朝鲜时代的霍乱

霍乱还传播到了当时的朝鲜。在 1821 年，这种奇怪的疾病在朝鲜半岛各地蔓延，受害者不计其数。根据《朝鲜王朝实录》的记载，在纯祖执政时期，各地瘟疫猖獗。在平壤，10 天内的死亡人数就达 1 000 人，而后疫病又传播到了汉阳，死亡人数超过 10 万人。

在 1821 年霍乱大流行时，公众对这种疾病的了解还停留在民间俗谚的水平。有描写说，盘索里《横夫歌》中登场的乐师们因为闻到尸体的腐臭味，差点被熏死。可见，他们认为气味是感染的途径。此外，在当时，为了防止霍乱的传播，跳大神、朗读佛经或巫经的方法也广为流行。还有人通过算命来逃避瘟疫，也有人相信护身符可以防止厄运的降临。更有些人认为，瘟疫是那些没有后代的孤魂野鬼的怨气导致的，所以人们还举办了安抚鬼魂的祭祀活动。

图 2–43　法国人类学家查尔斯·瓦拉特于 1888 年发现的画作
这是朝鲜为了防止霍乱的传播贴在大门上的猫符

在朝鲜末期的传教士奥利弗·艾维森（Oliver Avison）对医学非常感兴趣，并为后来的世福兰斯医学院（今延世大学前身）的建立做出了巨大贡献。据他在朝鲜半岛各处观察后留下的记录显示，在存在霍乱威胁的地区，不少家庭在大门上贴上了猫的图案。

令人疑问的是，猫和霍乱有什么关系呢？这是因为感染霍乱的症状之一是肌肉收缩导致的抽筋。朝鲜人认为鼠神进入人体后，就患上霍乱。被鼠神缠上后，会出现肌肉抽筋一样的症状，从脚开始，潜入身体上方到达腹部。而人们在门前贴上猫的图案，正反映了这种想通过老鼠的天敌猫赶走瘟神的心理。

图 2–43 的画作是 19 世纪 80 年代在朝鲜使用过的猫画，由法国人类学家查尔斯·瓦拉特（Charles Varat）于 1888 年寻得。虽然这幅画右上角的字迹已经难以辨认，但依稀可以辨清是“杂鼠杀退”四个字，意思是“击退并杀死野鬼老鼠”。

自来水设施的卫生强化

让我们再次把目光转向当时的欧洲。值得思考的是，在尚没有病原菌这一概念的当时，难道就没有能应对霍乱的方法吗？事实并非如此。拥有着敏锐的观察力和分析能力以及执着的人们充分发挥了大脑和双手的力量，研究出了将传染病的影响最小化并取得预防效果的方法。其中，最具代表性的人物是英国的医生约翰·斯诺（John Snow）。

在 1854 年 8 月，居住在伦敦的约翰·斯诺得知离家不远处的苏活（Soho）地区出现了霍乱患者。当时，霍乱以惊人的速度蔓延，并在短时间内造成数百人死亡。斯诺认为，以往的“瘴气论”很难解释霍乱的传播。于是，斯诺对患者进行了挨家挨户的访问，调查了在感染前患者在何处进行了哪些活动。这与今天的流行病学调查人员调查新冠肺炎感染者，找出病毒传播途径的方法相似。在得到霍乱患者的资料后，斯诺在地图上标记出了他们的分布情况。

在观察地区中患者的发病位置后，斯诺发现大部分被感染的患者都位于宽街。宽街一带共有 49 栋建筑，860 名居民在此生活。斯诺指出，他们大多都使用了位于宽街的一个自来水水泵。此后，霍乱的核心感染途径是水传播而非空气的这一主张被提出并传播开来。斯诺开创了一个伟大的先例，即：即使对病原菌没有概念，也可以通过客观分析找出霍乱的特性，并以此为基础制定应对方案。约翰·斯诺对流行病学做出了划时代的贡献，故而被后人称为研究传染病发病原因和感染途径的流行病学之父。

图 2–44　图为位于宽街的为纪念斯诺查明霍乱根源的功绩而保留的水泵。引人注目的是，该水泵上没有把手

值得关注的是，虽然斯诺发现霍乱的根源在于这个不起眼的水泵，但是却并没有立即被当时的社会认可。斯诺为了防止人们使用水泵，要求当局立即拆除水泵的把手。遗憾的是，政府接到斯诺的报告后，却选择了无视。直到几天后，政府才偷偷地将把手从水泵上取了下来。虽然这一举措解了燃眉之急，但是政府却不愿全盘接受斯诺的主张。因为这等于承认了污物是通过水进入口腔造成

感染的。

市民们得知了真相，肯定会愤怒地说："都是政府没有管理好公用自来水设施的卫生，才导致了这次灾难的发生"。于是，对此感到担心的政府直到12年后的1866年才承认该传染途径，并出台了相关政策。这一事件说明，即使找出合理的对策，在将其落实之前，仍存在着不少难关。

霍乱
独特的起源

那么，在19世纪霍乱全球流行之前，霍乱弧菌藏匿于何处呢？在地球上肆虐过五次的霍乱究竟是从何时、何地发源的呢？对此，当今的历史学家和科学家非常准确地指出了霍乱的起点——1815年4月在印度尼西亚发生的坦博拉火山喷发。令人不解的是，火山喷发和传染病的扩散之间有什么关系呢？

坦博拉火山是位于印度尼西亚松巴哇岛上的一座高度为2 850m的复式火山。这座火山原本高达4 300m，1815年发生的火山喷发释放出的巨大冲击力导致山顶部分被炸飞。据说，当时在2 000km以外的地方都能听到爆炸的巨响，可见这次火山喷发的威力之大。此外，这次火山喷发还引发了高达4m的海啸。数万人在这次灾难中丧生，并导致很多地区的共同体完全消失。

图 2-45　如今的坦博拉火山。大爆炸后在火山口形成的湖水令人印象深刻 ©NASA

据推测，此次火山喷发足足喷出了 150 亿吨的火山灰。随着火山灰上升到平流层并扩散到全世界，天空陷入一片黑暗，到达地球表面的太阳光明显减少。据相关科学研究结果显示，坦博拉火山喷发后，世界平均温度下降了 1.1℃。

就像前文提到的小冰河期一样，坦博拉火山喷发后，一场气候巨变发生了，整个地球的温度下降了 1℃以上。然而，火山喷发带来的影响并没有轻易减弱。在火山喷发后的第二年的 1816 年，甚至人们称为是“无夏之年”。在美国和加拿大的许多地区发生了冷害，农作物的生产量大减。在欧洲，低温和暴雨同样影响了粮食生产。

然而，这次火山喷发还在印度洋造成了更为特殊的影响。特别是在印度的孟加拉湾，发生了人们完全没有预料到的事态。在长达两年期间，火山喷发形成的云层阻断了印度洋的季风气候，扰乱了孟加拉湾的生态系统。坦博拉火山喷发导致了干旱的发生，再加上洪水的侵袭，孟加拉湾的生物生态界受到了史无前例的冲击。在这种巨变中，原本存在于孟加拉湾地区的地区性传染病霍乱发生了变异。附近的居民由于对这种变种没有免疫力而遭受了致命的伤害。接着，病原菌越过印度次大陆，向东亚、地中海等地区传播。正如前文所述，整个 19 世纪发生了五次霍乱大流行。不巧的是，在交通和通信飞速发展、人员和物资移动快速增加的全球化时代，仿佛为霍乱菌在全世界的扩散插上了“翅膀”。

就像是长期以来，只中亚地区存在的流行疾病黑死病在蒙古和平时代随着贸易和征服的脚步进化成大规模疫病一样。在 19 世纪的全球化时代，原本只存在于印度孟加拉湾的霍乱也转变为了大规模传染病，席卷了整个世界。又有谁能想到，在 19 世纪生产活动的增加、国际贸易和交流反而助长了霍乱的世界性传播，并给人类带来了巨大的损失。

唯有改善公共卫生
才是解决之道

渐渐地，人们意识到，要想阻止霍乱扩散，仅靠个人的努力是不够的。事实上，所有的传染病都是如此。不知何时被感染的患者也有可能会对他人造成威胁。防止传染病传播的最佳对策就是改善公共卫生，即整个社会齐心协力建立共同的防疫体系。

在英国议会报告书中，我们经常能看到体现公共卫生重要性的事例。最具代表性的事例是位于伦敦南部的两个地区在霍乱暴发时死亡率的差异。据悉，在 1853—1854 年霍乱大规模暴发时，这两个地区的饮用水水质出现了明显的差异。一个地区使用优质的水作为饮用水，而另一个地区则向居民们供应了不干净的水。这两个地区除了水质不同之外，地理位置相近，居住环境和社会条件也相差无几。据当时的统计结果显示，饮用劣质饮用水的地区比饮用优质饮用水的地区霍乱死亡率足足高出 3.5 倍。这一统计结果之所以令人惊讶，是因为在过去这两个地区的情况完全相反。在 1848—1849 年霍乱扩散时，两个地区的死亡率之比为 1：3，正好呈相反水平。而之所以出现这种差异，是因为 1853—1854 年供应优质水的地区在 1848—1849 年的饮用水水质恶劣。相反，在 1853—1854 年饮用劣质水的地区在 1848—1849 年则获得了优质饮用水。正是在这一事例的启发下，斯诺得以确认霍乱是介水传染病的这一事实。

那么，在当时，公共卫生具有多少经济价值呢？1853 年，英国北部工业城市纽卡斯尔出现首例霍乱死亡病例后，市政府采取了严格的管理措施。让我们来看一看当时的议会报告书。

图 2-46 《重击》(*Punch*)，1859 年 6 月 18 日
画中泰晤士河的水污染非常严重，就连烟囱清洁工都难以忍受河水散发出的恶臭，捂住了鼻子

政府对人流量大的市内旅馆下达了 48 小时内粉刷墙壁、打扫卫生的命令，所有人都严格遵守了这一命令。人员和车辆立即出动，清扫了市内所有的院子、胡同和后街。在清理完粗糙的物体后，人们利用漂浮

在江上的消防艇，向岸上的物体喷洒水柱，结束了最后的收尾工作。就这样，人们在把所有的院子和胡同都打扫干净后，对墙壁进行了粉刷。为了方便贫民使用，政府将生石灰堆放在市内各处便于使用的地区。（省略）当局相关人员还前往从前霍乱流行过的地区，鼓励居民使用生石灰。此外，政府还对损坏的通道和下水道盖子进行了修理，并喷洒了大量的氯化石灰进行消毒。创造了在 14 天内达到最佳卫生城市状态的奇迹。在短时间内，共在人们居住地附近清走了 1 500 车的粪便。这些工作的费用加起来为 230 英镑，后来由于出售粪便而最终低于 200 英镑。

与霍乱暴发后所产生的社会费用相比，为预防霍乱而支付的社会费用要少得多。在霍乱大规模传播的 4 年间，政府向遇难者家属支付的生活补助金费用共 7 500 英镑。据估计，在纽卡斯尔因霍乱造成的直接和间接费用高达 4 万英镑。而且该数值还不包括贸易等经济活动中断造成的巨大损失。

随着人们对霍乱属性和预防效果的认识不断加深，越来越多人呼吁政府应该积极改善公共卫生条件。特别是，人们普遍认为，如果扩充自来水设施，可以大幅减少霍乱的扩散和感染。让我们来看一看 1842 年改革家埃德温·查德威克对当时情况的描述。

哪怕住宅、街道、庭院、胡同、小溪已经沦为疾病的温床，城市的官员们仍保持着“处变不惊”的态度，通过“随机应变”这一极其野蛮的方式应对这场灾难。又或是安然地坐在公害的中心，像土耳其命运论者一样，无可奈何地接受无边无尽的无知、懈怠和不洁。在工业城市生活的工人家属都起得很早。哪怕是冬天，也要在太阳升起之前起床去开始一天的工作。他们日出而作，日落而息。哪怕是风雨交加，天寒地冻，每当需要水的时候，他们也不得不去远处的井里或河边取水，非常辛苦和不方便。于是，他们不得已放弃清洗，因为取水带来的不便远远大于清洗带来的舒适感。可以说，一个人只有在开始呼吸时和停止呼吸时（出生和死亡时）才能好好清洗自己的身体。

图 2-47　图为伦敦污水管道埋设工程，污水设施的建设大大减少了介水传染病的传播

不难看出，对人们来说，这简直是一场悲剧。然而，令人惊讶的是，在当时并不是每个人都赞成公共卫生改革，对此持反对意见的人大有人在。在 19 世纪中期，英国自由放任主义之风盛行。被人们寄予厚望的自由市场经济不仅对中央政府，还对伦敦等众多城市造成了深远的影响。毫不夸张地说，在当时自由放任的思潮是根深蒂固的。

然而，随着时间的推移，改善公共卫生的主张逐渐打破了自由放任主义的坚固壁垒。这是因为，如果社会成员的生活受到威胁，那么支配性意识形态也难以为继。由先驱改革家主导制定的公共卫生改革法有效抑制了传染病易传播地区的增加，为国家和地方政府提供了行政、财政基础。这表明，如果政府官员和地方政府能够同心协力的话，就会产生巨大的协同效应。

具体来看，随着公共卫生改革法的推进，管道的建设和维护、公共浴池的开放和运行监管、道路的铺设维修、屠宰场的卫生管理、公共厕所的设置与管理、墓地设施的检查等卫生薄弱领域均取得了显著改善。公共卫生的经济学逻辑极为清晰，即在恶劣的传染病大规模流行时，通过公共卫生获得的好处远远大于因公共卫生不足而产生的费用。

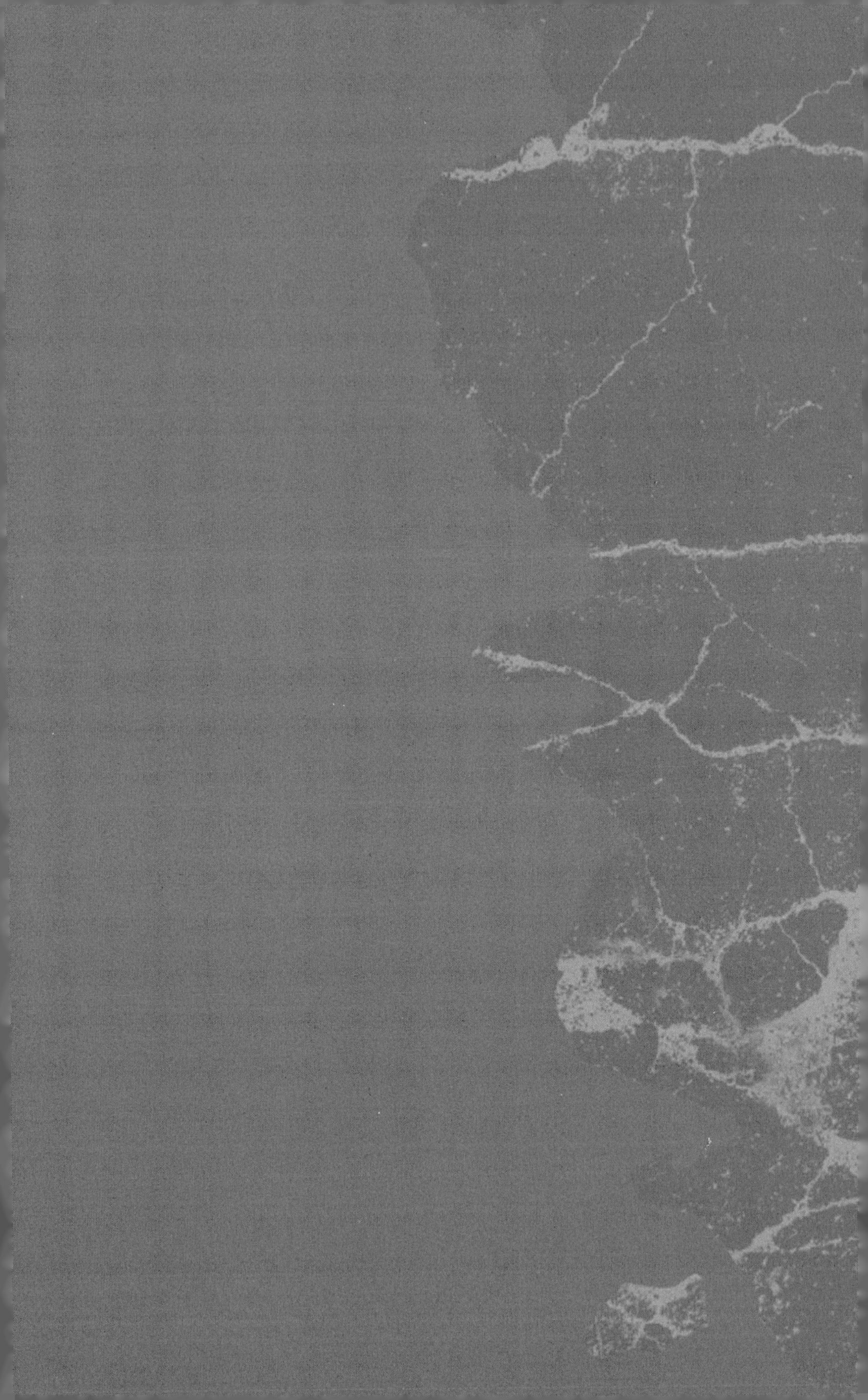

10

技术进步带来了健康隐患：化学事故

◆
◆

从时间维度上看

从本世纪开始

人类这一物种

第一次获得了

改变世界属性的力量。

——

蕾切尔·卡逊，《寂静的春天》

“镭女郎”遭遇的悲剧

技术进步和生产增加不仅仅意味着工厂规模扩大和机器数量增加。同时还意味着将开发过去不为人知的新物质，并将其应用到生产过程和消费中。但是，这些新物质中不乏对人类健康造成重大危害的物质。镭就是代表性的物质。

1898 年，玛丽·居里（Marie Curie）和丈夫皮埃尔·居里（Pierre Curie）成功从 1 万吨铀矿中提炼出 1mg 的新放射性物质。这种能发出蓝色微妙的光的物质被命名为“镭”。如今，放射性物质的危险性广为人知，如果能够合理使用的话，具有治疗癌症等用途，其效用非常大。但是，在首次发现镭时，包括居里夫妇在内，谁都没有真正地意识到镭所具有的这种特性。

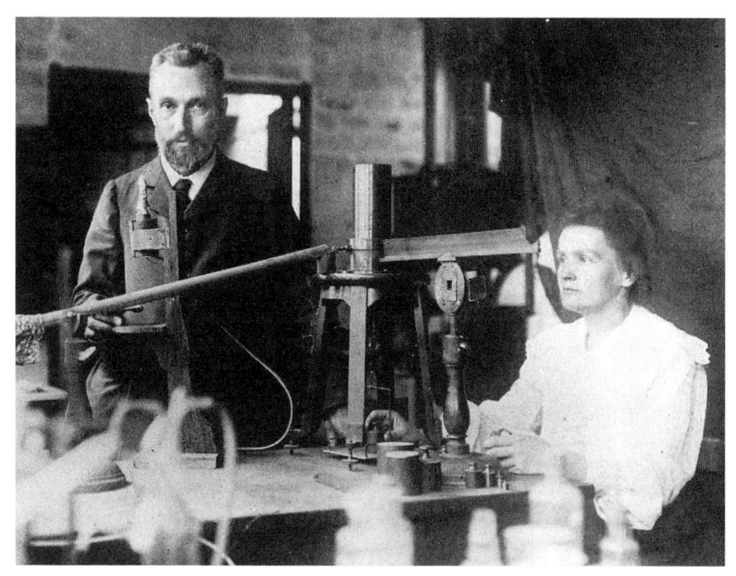

图 2-48　埋头于实验的科学家——居里夫妇，1904 年左右

一些企业家很快注意到镭所具有的商业潜力。因为他们认为，这种在黑暗中能够发光的物质有很多用处。很快，他们便开发出一种以镭为基本原料的夜光涂料，并将这种涂料涂抹在高级手表上的刻度和数字上。这样一来，即使是晚上也能轻松确认时间，这款夜光手表在推出后立刻受到了人们的好评。

欧洲开发的夜光涂料很快在美国流行起来。在钟表的制作过程中，企业家集中雇用了 10—15 岁的小女孩。在给钟表板涂夜光涂料时，女孩们经常会用嘴舔拭笔尖，以保持笔尖的精细度。在日复一日的重复下，镭渗透进了女孩们的体内。当时的人们尚未了解镭的危险性，一些孩子甚至还在指甲和牙齿上涂上了夜光涂料，更有甚者认为镭有益于健康。

随着大量以镭为原料的药品问世，在许多广告中，甚至将其宣传为灵丹妙药并进行销售，各种以镭为噱头的商品也不断问世。例如，消费者每天喝含有镭的饮用水、用含有镭的牙膏刷牙、用镭化妆品涂抹脸部等。就这样，镭逐渐成了无数人在日常生活中经常接触的物质。

久而久之，这些经常接触镭的“镭女郎”们，察觉到身体出现了奇怪的症状。例如，下巴坏死脱落、牙齿受损、大腿骨骨折等骨质异常症状。此外，还有许多人出现了贫血和身体剧痛等症状。随着一些患者的病情不断恶化，甚至出现了死亡的案例。而这些都属于镭中毒造成的灾害。

从 20 世纪 20 年代中期开始，一些镭中毒患者和死者家属开始提起赔偿诉讼。但是，对于他们来说，获得赔偿并不容易。在当时，雇主和司法者大多对工伤这一概念尚不清晰。不少人主张，由于患者的症状多种多样，因此不能看作是单一物质导致的。此外，还有人将其归咎于少女们私生活不检点感染梅毒所致。不仅如此，企业们隐瞒疾病或在开庭之前笼络受害者家属的事例也屡见不鲜。昂贵的医疗费和漫长的法律攻防战让原本就不富裕的家庭雪上加霜。特别是 1929 年大萧条后，小区的一些居民们担心如果诉讼持续下去，企业会把工厂转移到其他地方，导致自己失去工作岗位。因此，不少居民们也和受害者家属们刻意地保持了距离。直到 20 世纪 30 年代末，镭女郎们逐渐在诉讼中胜诉，这场艰难的斗争才开始取得胜利。

镭的危险性得到大众的普遍认可是任重道远的。直到 20 世纪 70 年代，镭的危险性才开始得到广泛的认可，并为受害者和家属提供

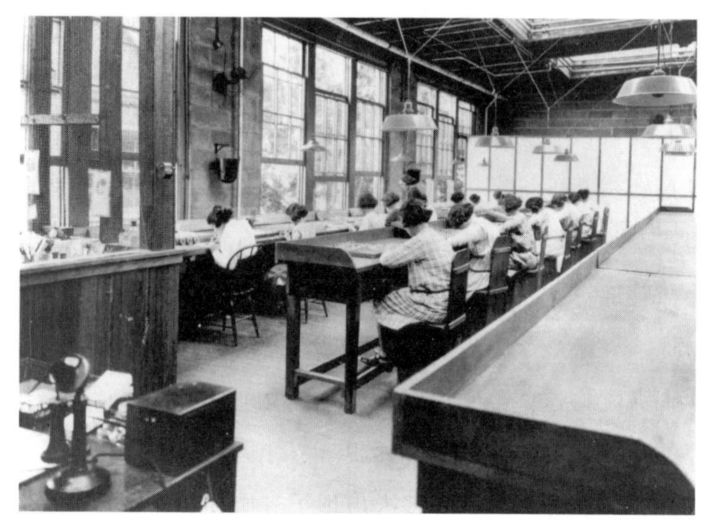

图 2-49　拍摄者不详，1922—1923 年
图为工厂中负责把镭涂抹到产品上的少女们

明确的补偿。此外，政府还指定了企业处理放射性物质应遵守的安全方针。经过长时间的痛苦与努力，放射性物质造成的工伤才被社会认可。

就连卡拉瓦乔
也无法避免的硫中毒

镭女郎的悲剧如实地反映了从 19 世纪后半叶开始，随着化学的发展，过去不存在的物质被发明出来后，其中一部分对人类造成了致命的灾害。值得注意的是，在工业化时代到来之前，一些物质也曾对人类造成过伤害。其中，早期巴洛克派的代表画家卡拉瓦乔（Caravaggio）的事例非常值得一提。

卡拉瓦乔擅长通过明暗对比强烈的光影进行绘画，被后人评为是对近代美术产生巨大影响的画家。《手提歌利亚头的大卫》便是他的代表作之一。该作品以《旧约圣经》中的故事为基础，画中年轻的大卫右手握着刀，左手提着巨人歌利亚的头颅，鲜血正顺着歌利亚的脖子上流下来。有趣的是，大卫和歌利亚的脸都是画家本人，大卫代表着画家的年轻时期，而歌利亚则代表着画家 30 多岁时的模样。如果仔细观察的话，还能看到歌利亚嘴里绿色的牙齿。这不禁让我们提出疑问，绿色的牙齿难道只是画家随着自己的喜好绘成的吗？现代医学者们认为，卡拉瓦乔实际上的牙齿就是绿色的。

那么，为什么牙齿是绿色的呢？在当时，画家们使用的颜料与今天并不同，颜料中大多都含有对人体有害的物质。特别是，在当时所具备的技术下，画家们为了展现出鲜明的色彩，还使用了今天被证明对人体有害的矿物质。据医学者们推测，在当时，颜料中的硫（Sulfur）大量进入了卡拉瓦乔的体内才导致牙齿变色。也就是说，这属于画家所遭受的一种职业病。

硫是一种毒性很强的物质。如果硫进入体内引起中毒，不仅会出现头晕、头痛、恶心等症状，严重时还会出现不安、兴奋、痉挛、昏迷、视力障碍、幻觉等症状。卡拉瓦乔虽然是著名的画家，但是私下却十分任性放纵。卡拉瓦乔不仅性格粗暴、喜怒无常、恣意妄为，还曾多次因过度饮酒和暴力引发酿成祸端。在一气之下杀人入狱后，又越狱逃往海外。有美术史学家指出，卡拉瓦乔的这种行为很大程度是大量摄入硫后引发中毒导致的。

在工业革命后，人们逐渐意识到硫的危险性。但是，由于使用硫作为原料的工程本来就很多，所以在很长一段时间内，硫成了引发工伤的主要原因。例如，在制造火药或火柴时、在生产肥料时、合成杀虫剂或杀菌剂时，硫都是必不可少的原料。因此，硫极可能引发灾害并给劳动者带来巨大的损失。

图 2–50　图为 19 世纪 80 年代火柴工厂的工人们
由于使用了硫作为原料，发生中毒和爆炸事故的危险性很高

在图 2–50 的照片中，我们可以看到在存在着安全隐患的劳动现场工人们的模样。作为参考，韩国也有过因为硫酿成重大灾害的事例。在 20 世纪 80 年代，在一个名叫源进纤维的工厂里，负责生产着人造丝的数百名工人因长期暴露在二硫化碳和硫化氢气体中，甚至出现了身体麻痹、语言障碍、精神分裂等严重的症状。

事实上，长久以来，在人类工作和生活的环境中经常接触的物质引发灾害的事例并不少见。早在 1 世纪，罗马的小普林尼就曾指出，船舶喷漆所需要的铅会对作业的奴隶造成伤害。遗憾的是，小普林尼所具备的超前观察力和思考能力并没有引起太大的反响。直到近代初期，该物质所具有的危害才再次引起人们的关注。例如，在 16 世纪，瑞士的帕拉塞尔苏斯（Paracelsus）对矿工的作业环境进行了缜密的调查，并脱离了传统的医学指导理念，在化学和矿物学的基础上重新解释医学。此外，在 17 世纪，德国医生施托克豪森（S. Stockhausen）曾对铅矿矿工患有的疾病进行深入地研究，并出版了与铅中毒相关的著作。

在 17 世纪，意大利医生拉马齐尼（Bernardino Ramazzini）进一步对职业病进行了研究。他曾在大学担任医学教授，并在著述中提到油漆工、玻璃工、管道工等在作业时经常会使用铅，因此容易患铅绞痛（lead colic）这种疾病。不仅如此，他还对陶工、化学工、玻璃工、锡工、涂漆工、皮匠、铁匠、石匠、木工、砖匠和肥皂工人、烟草生产者、奶酪生产者、接生员、磨坊工人、洗衣员、运输员、军人、歌手、运动员、井工、船员、猎人等行业的调查均有涉猎。拉马齐尼对开采金属的矿工进行了详细的调查，并指出了矿山通风设施不完善和肺部疾病等问题。被称为职业医学之父的拉马齐尼还主张立法保障劳动者的健康，这一举措为工伤和产业保健领域的发展奠定了基础。

寂静的春天中
提到的杀虫剂——滴滴涕（DDT）

进入 20 世纪后半期后，化学的发展开启的新物质时代迎来了更加辉煌的时期。在这一时代，大多数人相信，能够制造出多少新物质对企业和国家的竞争力有着重要的影响。20 世纪中叶，世界各国都在为开发新物质倾尽全力。化学一度成为了大学的热门科目，也为化学工程师这一职业蒙上了一层创新的色彩。

当时，DDT 被认为是给人类带来巨大利益的新物质。这种叫作双对氯苯基三氯乙烷的化学物质于 1874 年首次合成。不过，当时很少有人了解其特性。直到 20 世纪 30 年代末，DDT 才被证明具有很强的杀虫效果。由于 DDT 具有成本低可大量进行生产的优势，并且最初人们认为 DDT 对人体无害。因此，从 20 世纪 40 年代以后，人们开始大量将 DDT 作为农药使用。特别是，DDT 在消除通过虱子传播的伤寒和蚊子传播的疟疾方面具有卓越的功效。因此，DDT 在当时被人们认为是充满奇迹的新物质。

如下页图中所示，在第二次世界大战期间，DDT 被认为是保护军人免受疟疾和伤寒威胁、管理卫生的最佳手段，甚至还被认为是象征着“自由阵营”优越性的技术产物。在 20 世纪 50 年代，不少人认为 DDT 是用于清洁和消毒的最佳药物。此外，人们为了最大限度地发挥 DDT 的杀虫效果，还将其制成了农药，并逐渐被广大农户使用。

1945 年韩国从日本的殖民统治下独立后，DDT 由美军传入了韩国，并在其国内广泛使用。1946 年，美军政厅卫生局自行生产 DDT 后，DDT 在韩国的喷洒量进一步增加。特别是韩国战争前后，美军大量使用了 DDT，在战争结束后，用于消毒的防疫车在韩国的大街小巷喷洒这种物质。当时，孩子们追在又被叫作“放屁车”的防疫车后面跑来跑去，自发地暴露在这种有毒物质中。

然而，曾被誉为是“人类最伟大发明品”的 DDT 却在不久之后风评急转直下。1962 年，生物学家兼大众科学作家蕾切尔·卡逊（Rachel Carson）在《寂静的春天》（*Silent Spring*）一书中严厉地批评了主张使用 DDT 的农业专家和政府，并敦促人类应彻底改变看待自然的视角。卡逊在书中强调，DDT 的误用将会严重破坏自然环境，而这再次对人类造成严重的危害。此外，在牧场喷洒 DDT 后，DDT 会进入牛体内和产出的牛奶中，并在人类食用牛肉和牛奶的过程中进入人体。该书一经出版，化学业界和部分公务员就对此进行了强烈的反驳，他们认为这种错误的主张只会让大众陷入不安之中。

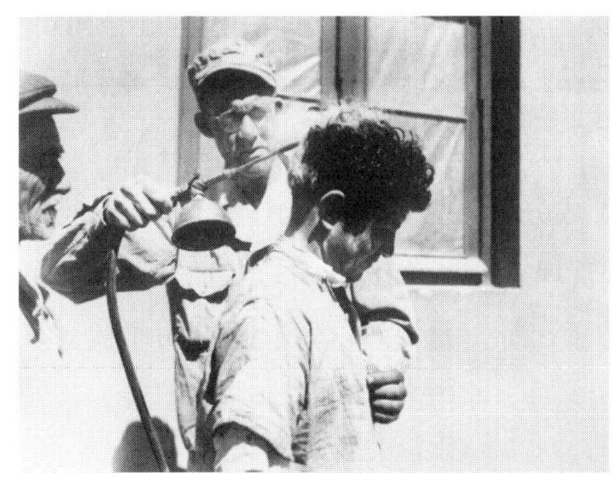

图 2-51　图为第二次世界大战时，士兵直接向人类头部喷洒 DDT 的场景
© 美国疾病控制和预防中心（CDC）

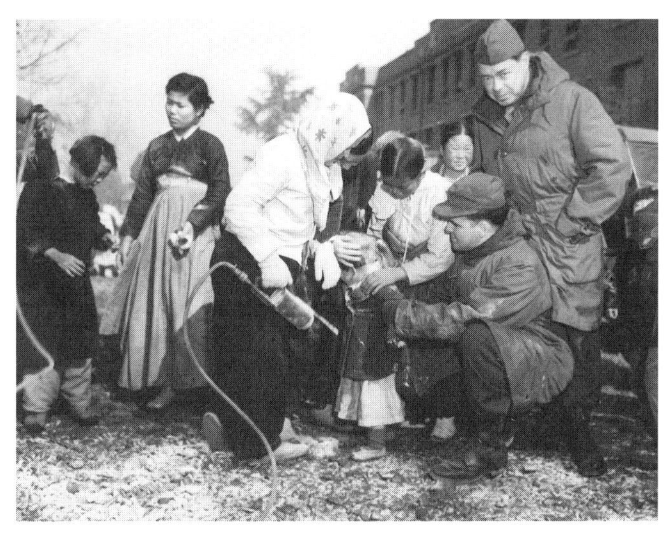

图 2-52　抗美援朝时，美军正在向韩国儿童喷洒 DDT

在卡逊的带头努力下，很多学者和社会运动家开始广泛宣传 DDT 的危害性。《寂静的春天》作为 20 世纪社会影响力最大的著作之一，进一步引起了大众对环境问题的关注。最终，在人们的不断努力下，在 20 世纪 70 年代，大部分国家都禁止在农药中使用 DDT。只有一些国家为了预防疟疾，限制性地使用 DDT。

令人惊讶的是，至今为止仍有一些国家在食物中检测出 DDT。2017 年，韩国发生了所谓“农药鸡蛋风波”。经确认，多家养鸡场仍在使用这一禁用农药。更令人惊讶的是，在绿色农场饲养的鸡、鸡蛋和土壤中也检测出了 DDT 成分。本在 1979 年就被韩国明令禁止销售的 DDT 竟然在 38 年后“重现于世”。DDT 的“强势回归”让养殖户和消费者都大吃一惊。目前，韩国有关部门尚不清楚 DDT 成分是如何残留的。只是推测可能是过去使用的 DDT 成分残留，或者是在制造其他药品时使用化学药品时残留所致。

只发生在韩国的灾害
——加湿器杀菌剂事件

在化学发展迅猛、化工技术高度发展的今天，新物质以惊人的速度问世。不少科学家们认为，由于各种物质正在被迅速地制造出来，如今已经没有必要再测定新物质的数量。许多新物质在大学和研究所的实验室里产生。但是，也有一部分物质由民间机构制造并用作商业用途，特别将多种物质混合制造新物质的情况较为常见。

韩国就曾发生过可怕的化学灾害。2011 年，韩国疾病管理部门称其国内出现了“原因不详肺损伤综合征”，首次发表了加湿器杀菌剂的问题，即被称为“加湿器杀菌剂致死事件”的大规模惨案。在 1994 年，为了防止细菌在超声波加湿器的水桶中增殖，韩国将杀菌剂导入了加湿器中进行使用。一般来说，如果想除去加湿器里的细菌，一般会选择用清洁剂清洗水桶，再用清水冲洗和晾干。但是，制造商们提出了在水桶里放入水和杀菌剂后启动加湿器的使用方法，使韩国众多民众误以为杀菌剂可直接加入加湿器中使用。而这一举措直接导致了杀菌剂与超声波产生的微小水颗粒挥发到空气中，被人体吸收。

在当时，几乎没有人认识到这种使用方法具有致命的危险性。此外，实验人员也没有事前进行实验，以排除潜在危险性。就这样，消费者在没有得到任何警告的情况下，安心地使用这种加湿器。不仅如此，这种含有杀菌剂的加湿器还得到了 KC 认证（韩国电子电气用品安全认证制度），并被媒体评为是具有创意性的优秀产品。于是，在长达 17 年的时间里，很多韩国家庭在没有任何保护措施的情况下，使用了加湿器杀菌剂。据推测，在此期间，多达 800 万—1 000 万人使用了约 60 多万个加湿器杀菌剂。特别是身体素质相对脆弱的婴儿、儿童、孕妇、老人极有可能大规模地接触了这种加湿器杀菌剂。因此，实际受到伤害的人数可能更加不容乐观。

在疾病管理部门指出这一加湿器杀菌剂具有危害性的第 3 个月后，韩国政府下令回收相关产品。第二年，据动物实验数据显示，确定加湿器杀菌剂中使用的 PHMG（聚六亚甲基胍盐酸盐）和 PGH（氯酸乙基甲基苯丙胺）具有毒性。其他国家规定，如果商品中含有这种物质，并在低于人体吸入标准的情况下，需要进行安全性检查和成分标识。但是在韩国，这些物质却被允许用作加湿器杀菌剂。这种安全标准的不同，酿成了这一次发生在韩国的灾害。

然而，韩国政府却如蜗行牛步一般，在很久之后才出面详细了解实际情况，并对受害对象进行筛选和补偿。2017 年，韩国制定了《加湿器杀菌剂受害救济特别法》，并接受了受害人的举报。2018 年，韩国环境部承认有 3 995 人因此受到损失。但遗憾的是，其中大部分只局限于患有肺纤维症的重症患者。实际上，因加湿器杀菌剂而遭受损失的消费者的具体人数、他们所遭受的损失的严重性至今仍停留在初步推测阶段。也许，韩国受害者可能永远无法掌握实际的损失情况，只得草草了事。此外，对于应该由哪家企业负责、是否对这些企业进行了应有的制裁、政府的安全管理是否存在问题等等，韩国相关部门并没有进行充分的调查和采取应对措施。由此可见，很难乐观地保证，在今后韩国不会再上演类似的悲剧。

加湿器杀菌剂事件让人们意识到陌生的化学物质可能会使自身遭受巨大的灾害。于是，一些人成了所谓的“无化学族”，即极度反感化学物质，尽可能拒绝使用所有化学物质的人。他们坚信，高度发达的科学技术不仅未必能减少灾害和保障安全，反而会起到相反的作用。即使其中含有夸张的成分，但不可否认的是，越来越多的人担心自己的生活会不知不觉间被新化学物质威胁。

进入海洋的微塑料的危险性

在人们所使用的物质中，塑料被认为是最具代表性的危害环境的物质。塑料不仅大量用于包装，而且还广泛用作建筑业和纺织品。因此，可以说塑料是我们经常接触的物质。韩国也是塑料消费量很大的国家之一。截至 2019 年，韩国人均年塑料消费量为 44kg，仅次于澳大利亚和美国，居世界第三位。

然而，除了平时我们所熟知的塑料之外，最近长度在 5mm 以下的小型塑料引起的问题也备受关注。这种塑料被称为微塑料，既包括制作成细微大小的情况，也包括塑料在长时间使用后产生小粉末的情况。例如，牙膏和洁面剂中含有的叫作塑料微粒的研磨剂或工业用研磨剂等属于前者，而后者大部分是因风化作用、轮胎磨损、合成纤维洗涤引起的微细化。但不可否认的是，这些都是由人类的行为导致的。

在微塑料中，最棘手的问题就是海洋微塑料。进入海洋的塑料因海浪拍打和紫外线引起的光化学过程而微细化。所有与海洋接壤的国家都摆脱不了微塑料问题，韩国亦是如此。据一项分析数据显示，在巨济岛附近的海域 $1m^3$ 海水中的微塑料平均含量为 21 万块。海洋微塑料之所以成为棘手的问题，是因为海洋微塑料对海洋生物造成了危害。细碎的塑料会附在海洋生物的鳃或鳞片上，甚至还会给消化道造成伤害。此外，塑料还会被海洋生物当作食物吞入体内，威胁生命。

不仅如此，微塑料中含有的和表面黏着的多种化学物质还有可能会被海洋动物一起吸收。在不少海洋生物的尸体内甚至在盐田生产的盐中已经发现了微塑料。令人吃惊的是，有一项研究结果表明，微生物接触到微塑料后，会将其中的一部分消化分解。如果这种微塑料污染持续下去，危害极有可能通过我们食用的海鲜转移到自己身上。

海洋微塑料最多的地方自然是海洋塑料堆积最多的地方。从世界各地丢入海洋的塑料会随着海流不断移动。那么，塑料被丢入海洋后会去哪里呢？其中，一部分被冲到岸上，而另一部分则被冲到远海。不断漂流的塑料会聚集在海流停滞的地方或两个以上海流交汇的地方，形成巨大的塑料垃圾堆。

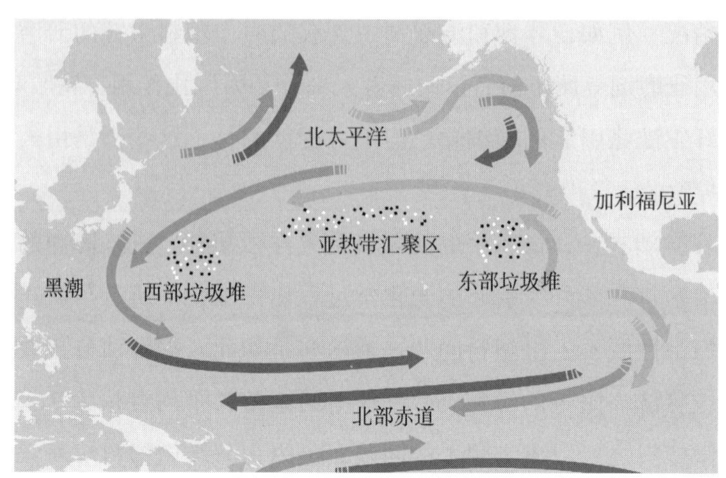

图 2–53　太平洋的潮流和巨大的塑料垃圾堆
资料出处：美国国家海洋和大气管理局（NOAA）

目前，太平洋上有三处规模巨大的塑料垃圾堆。如图 2–53 所示，西部垃圾堆位于在日本附近，东部垃圾堆位于美国附近，第三个塑料垃圾堆聚集在北太平洋中部亚热带汇聚区。一个海洋垃圾堆的面积相当于韩国面积的 10 倍以上，规模非常大。预计到 2050 年，海洋垃圾的数量将超过鱼的总量。垃圾堆不仅看起来不雅观，而且还会对海洋生态系统造成重大的危害。鱼类等海洋动物有时会因被废弃的网或塑料绳钩住而死亡，有时还会因吞食塑料碎片而面临危险。此外，由于海藻类或藤壶类会附着在漂浮的垃圾上，移动到很远的地方，进而扰乱生态界。

逐渐增加的颗粒物和细颗粒物

虽然颗粒物的大小与微塑料相似，但是却更直接地将人类置于危险之中。灰尘是飘浮在空气中的小颗粒物质的统称。其中颗粒物（Particulate Matter，PM）是指颗粒大小非常小的灰尘。值得注意的是，颗粒物不仅仅具有体积小的特性，从其成分来看，硝酸盐和硫酸盐等物质约占 58%，碳类和烟灰约占 17%，地面的尘土等矿物仅占颗粒物的 6% 左右。也就是说，大部分颗粒物是在石油或煤炭等化石燃料燃烧时产生的，会对大气造成污染。

让我们来看一看颗粒物的产生途径吧。一次颗粒物是指从烟囱或道路等途径产生并以固体状态出现的颗粒物。与之不同的是，二次颗粒物是指从污染源中产生的气体与空气中的其他物质发生化学反应后生成的。例如，在燃烧化石燃料的过程中产生的氮氧化物或硫氧化物与空气中的水蒸气、氨、臭氧等相结合产生的颗粒物就属于二次颗粒物。以韩国为例，颗粒物中一半以上的排放量是在制造业设施的燃烧过程中产生的，其次来自于汽车等移动污染源的排放。

如果颗粒物进入人体并被吸收，就会引起各种健康问题。例如，颗粒物会刺激我们的眼睛，引起结膜炎或角膜炎；吸入鼻腔后，会加重过敏性鼻炎；如果被支气管吸收，就会引发支气管炎、哮喘、肺气肿等疾病；如果到达肺部就会损伤肺泡。此外，颗粒物还属于诱发人类癌症的一类致癌物质。一类致癌物质是指被“确认”对人类有致癌性的物质，例如石棉、苯等危险物质。颗粒物便属于这一范围中，可见致癌危险性之大。据世界卫生组织 2014 年公布的资料显示，全世界每年因颗粒物而早亡的人数达 700 万人。也就是说，世界上有无数的人正因颗粒物而遭受灾难。

此外，细小的灰尘还可细分为颗粒物和细颗粒物。颗粒物（PM_{10}）是指直径在 10 微米（μm）以下的灰尘，细颗粒物（$PM_{2.5}$）是指直径在 2.5μm 以下的灰尘。微米相当于百万分之一米，一般人头发的直径为 60μm 左右。因此，颗粒物的直径约为头发粗细的六分之一以下，细颗粒物则不足头发直径的二十四分之一。颗粒物和细颗粒物都含有重金属、硫酸盐、硝酸盐等大量有害健康的物质，这些有害物质在我们呼吸时进入呼吸器官，在支气管和肺部引起炎症或过敏反应，导致哮喘、慢性阻塞性肺疾病等呼吸道疾病的进一步恶化。如果这种炎症渗透到血管中，就会形成血栓或引发动脉硬化，甚至会发展成急性心肌梗死或脑中风等严重疾病。一言以蔽之，颗粒物和细颗粒物对人类的健康存在着巨大的威胁。

图 2-54　工厂中排放的尾气是颗粒物的主要来源之一

从世界标准来看，韩国属于因颗粒物和细颗粒物造成的大气污染较为严重的国家。首尔的颗粒物是洛杉矶的 1.5 倍，是巴黎和伦敦的两倍多。韩国的人口密度高，工业占比大，常常会因邻国飞来的颗粒物而遭受灾害。此外，在经济合作与发展组织（OECD）国家中，细颗粒物的浓度也相当之高。2017 年，韩国的细颗粒物年平均浓度为 25.1μ/m³，首尔为 25.3μ/m³，与韩国平均水平相差无几。这一数值比伦敦（12.5μ/m³）、巴黎（13.9μ/m³）、东京（13.3μ/m³）等世界主要城市高出两倍左右。据一项研究结果显示，细颗粒物导致世界 185 个国家的公民平均寿命缩短了 1.03 年。据报道，韩国平均寿命因此缩短 0.49 年。

即使在这种情况下，与其他国家相比，韩国减少颗粒物和细颗粒物的努力却算不上积极。在第 6 章中，我们回顾了英国因严重的大气污染问题而头疼的历史。那么，英国是通过怎样的努力，拥有了比如今的韩国更好的空气状态的呢？首先，英国议会认识到雾霾问题的严重性后，早在 1956 年和 1968 年就制定了《清洁空气法》。在城市内设定了禁止排放大气污染物质的地区，并上调了烟囱高度，以便各种公害物质能够很好地从市中心排出。1974 年制定的《污染控制法》中限制了汽车和工业燃料的使用。最初，英国政府对二氧化硫的排放进行了集中监测，在 20 世纪 80 年代，人们开始将目光转向有害重金属铅的排放限制。20 世纪 90 年代，监管范围进一步扩大到光化学烟雾范围。近些年来，英国又进一步强化了相关政策。从 2019 年开始，伦敦在市中心指定了超低排放地区，政府不仅对出行的市民征收拥挤通行费，还实施了追加征收尾气排放罚款的政策。此外，英国政府还决定加快电动汽车替代内燃机汽车的速度。

比起英国，韩国的颗粒物和大气污染问题更为严重，应该更加积极地改善这一问题。我们需要明白，生活质量并不一定会随着经济规模的增长而自动提高，只有成员们有意识并持续地为之努力才是提高生活质量的关键。

第三部

政策和控制的巨大风险：系统灾难的时代

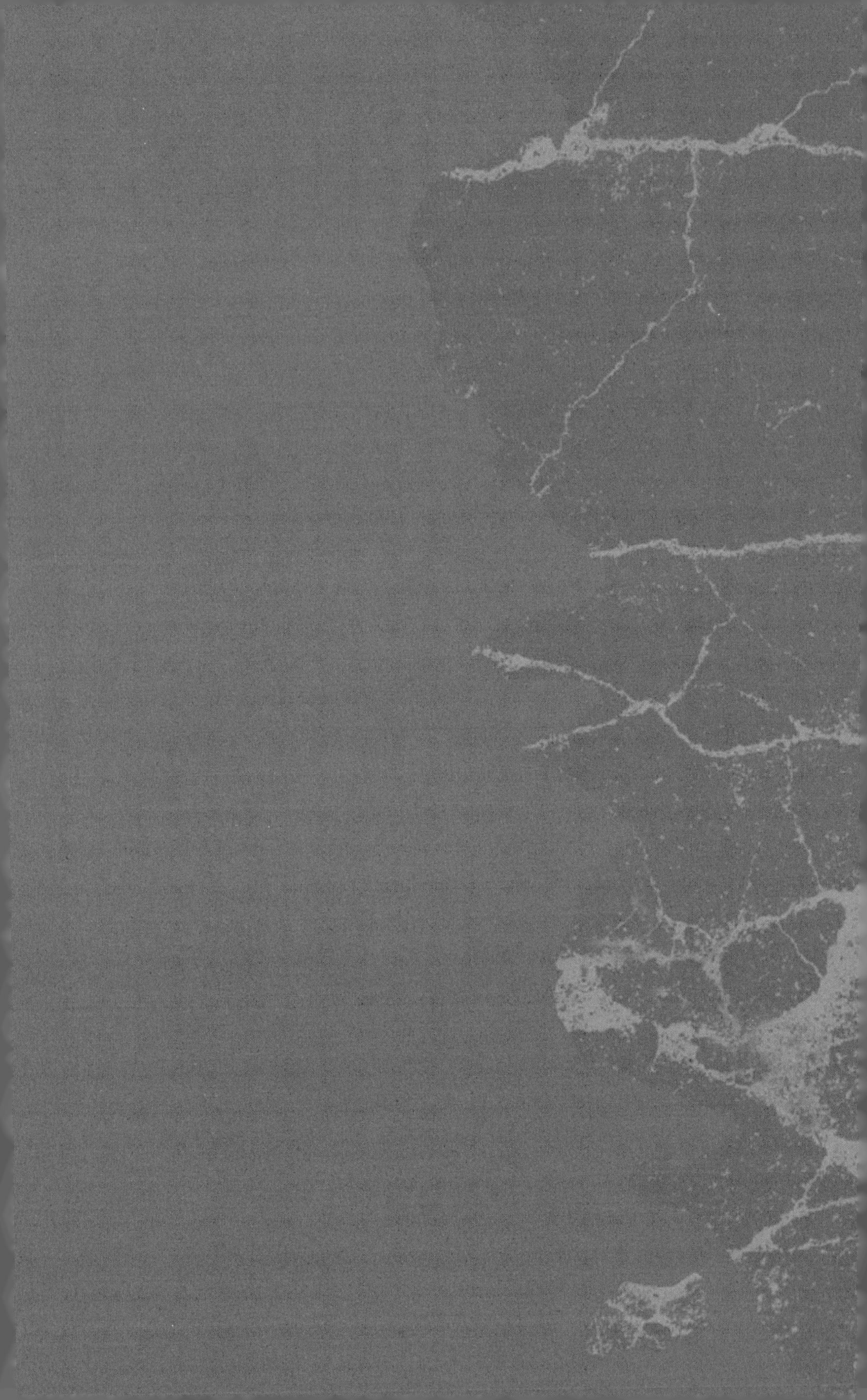

11

错误的政策导致的生态破坏：用于狩猎的兔子

强制繁殖狩猎用兔子

在过去，人类曾多次因无知或瞬间的误判而扰乱生态界秩序。在19世纪被引入澳大利亚的兔子泛滥成灾事件就是代表性的例子。

17世纪初，欧洲探险家在环游南太平洋时发现大片未知的土地，并将其称之为未知的南方大陆（Terra Australia Incognita）。后来，这片土地被称为澳大利亚，意为南边的土地，并经过了一段非常独特的历史发展至今。1770年，英国探险家詹姆斯·库克（James Cook）对这片土地的东部地区进行了调查，并将其命名为新南威尔士州（New South Wales）后宣布为英属。在当时，英法两国曾围绕殖民地问题展开过竞争，英国为了抢先获得这片土地的殖民权，所以匆忙做出了这样的决定。

澳大利亚的历史独特之处不仅仅在于这种荒唐的开端。在当时，

图 3-1　图为向新南威尔士州押送囚犯的船舱内部画面

英国因囚犯人数过多且收容囚犯的监狱不足而头痛不已。于是，政治家们提出了将新南威尔士作为收容囚犯的新场所这一奇妙想法。1787 年，被叫作“最初的船队”的 11 艘船只载着 1 400 多人从英国启航，其中包括狱警、船员、普通人以及 700 多名囚犯，并在 8 个月后抵达新南威尔士。他们定居在当今世界数一数二的美丽港口城市悉尼。此后的 100 年间，多达 16 万多名英国囚犯被流放于澳大利亚。在刑期结束后，囚犯们在当地定居了下来，获得了第二次“新生”。就这样，澳大利亚是由囚犯、狱警、船员以及后来的移民们构成的。

澳大利亚被称为是历史上生物灭绝最为严重的国家。据悉，过去两个世纪在地球上灭绝的哺乳动物中，约有三分之一在澳大利亚消失。澳大利亚的生态平衡被破坏的时间点基本与“最初的船队”到达的时间重合。在到达澳大利亚的 11 艘船上，除了人之外，还有猫、兔子、红狐、鹿、山羊等动物也一起登上了大洋彼岸。这是因为人们认为，这些动物在航海过程或定居生活中，将会对人们有很多帮助。幸运的是，这些动物们在一定时间内确实对澳大利亚的生态系统产生了一定的影响。

然而，在1859年，令人意想不到的事情发生了。与最初乘坐船队进入澳大利亚的人不同的是，英国人托马斯·奥斯汀（Thomas Austin）为了满足自己的狩猎爱好，将12只兔子引进了澳大利亚。不过，兔子的繁殖速度远超奥斯汀的想象，再加上澳大利亚冬天气温较为暖和，而且可供兔子食用的植物比较丰富，最终造成了兔子个数的剧增。

那么，兔子的数量实际上增加了多少呢？对于澳大利亚人来说，呈几何级数增长的兔子再也不是令人高兴的存在。到了1870年左右，即使每年当地人都会捕获200万只以上的兔子，也完全无法控制兔子的数量。据悉，澳大利亚兔子是世界上繁殖最快的哺乳类动物，尽管对此澳大利亚人并不表示欢迎。因为兔子随意啃食农作物和当地的植物，造成了很大的损失。并且兔子还具有惊人的食性和繁殖力，令当地的食草动物失去了原来的栖息地，造成了严重的威胁。

图3-2　图为20世纪初，工人们正在搬运装满了用于抓捕兔子的毒药的桶

随着兔子对澳大利亚生态系统干扰越来越严重，澳大利亚政府开始出面解决这一棘手的问题。为了控制兔子的数量，澳大利亚政府尝试了各种方法。例如，设置兔笼、捣毁兔舍、鼓励群众猎兔等。图3–2为20世纪初，工人们正在搬运装满了用于抓捕兔子的毒药的桶。

此外，人们还想出了更加有效的方案。例如，人们支起了长长的围栏，试图将兔子驱赶到其他地方。著名的生物学家路易斯·巴斯德（Louis Pasteur）还提出了利用病原菌减少兔群数量这一构想，并致力于开发出有效的生物学方法。最终，在1950年，科学家成功培养出了能够在兔子身上传播并引起皮肤癌致死的病毒。通过这种方法，兔子的数量从6亿只减少到了1亿只。就在人们为成功研发出控制兔子的方法而欢呼时，具有抵抗力的兔子出现了。这导致兔子的数量再次增加，并在数十年后达到了2亿—3亿只。这一教训就像大自然对人类发出的警告，生物学的应对法虽然看起来立竿见影，但是却有可能引发意想不到的新问题。

即使在今天，许多人仍然认为生物学方法是控制动物个体数量的最佳解决方案。但需要警惕的是，由于目前人类对这个领域的认识尚不充分，所以可能会因此引发意想不到的灾难。

为了消灭人类的公敌——蚊子所做出的努力

如果问自古以来什么动物夺走人类生命最多的话，我们的脑海中很容易想起老虎、狼等猛兽，或是像老鼠和蝙蝠一样传播疾病的生物。然而，实际上，比这些动物体型更小的昆虫反而对人类来说更加致命。其中，蚊子不论是过去还是现在，都给很多人造成了致命的伤害。目前，全世界约有 3 000 多种蚊子，并以此为媒介将多种疾病传播给人类。最具代表性的疾病是感染后快速引发高烧的疟疾、引发病毒性脑炎的日本脑炎、因感染登革病毒导致出血和器官功能下降的登革热、引发急性肾衰竭的恶性传染病——黄热病、使人类的皮肤像大象一样厚实坚硬的象皮病、孕妇感染后导致婴儿患上小头症的寨卡病毒……可以说，蚊子是人类的天敌。

其中感染范围最广的是疟疾。疟疾的英文为 malaria，是“坏”（mal）“空气”（aria）的意思。这是因为西方人相信，疟疾是通过“坏空气”传播的。虽然在19世纪末，人们才发现蚊子是传播疟疾的媒介，但是在更早以前，人们就察觉到疟疾与沼泽地之间有密不可分的关系。

如果患上疟疾，先会出现发冷发抖，下巴不住地打战的症状，而后出现身体内外发热、头痛欲裂、口渴并且只想喝凉水等症状，这与现代医学所描述的症状一致。在韩语表达中，甚至出现了“학을 뗀다”这一说法原本形容患上疟疾时的痛苦和恢复的不易。现指从难以忍受的痛苦和困难中摆脱出来。由此可见这种疾病给人们带来了多大的痛苦。

时至今日，疟疾仍在蛰伏在人类身边，并造成无数人死亡。据悉，全世界每年感染疟疾的人口超过 2 亿人，其中约有 40 万人死亡。特别是 5 岁以下的儿童最容易感染疟疾并死亡。

一直以来，人类为了驱赶这种不讨喜并且有时还带来致命后果的蚊子做出了各种努力。例如，为了阻止蚊子的繁殖，人们清理水坑以防止蚊子的繁殖，并将青鳉和泥鳅放入水中，以捕食蚊子的幼虫——孑孓。不仅如此，人们还通过燃烧含有驱赶蚊子作用的植物，以及利用细纤维和铁网制成蚊帐和防虫网来防止蚊子的靠近。此外，人类还制造出了各种驱蚊杀虫剂。

不仅如此，人类还在开发抗疟药方面也下了很大功夫。其中，从原产于南美洲的金鸡纳树中提取的奎宁被广泛用作治疗药物。近年来，受中医启发的医学家屠呦呦从一种叫黄花蒿的植物中成功提取出抗疟物质，并获得了诺贝尔生理学或医学奖。

此外，人们还尝试从生物学角度控制蚊子数量的增加。其中，通过霉菌使蚊子失去力量并导致死亡的方法、利用新的生物工学技术，使用基因剪刀，修改雌性蚊子的DNA，使其不育。这种被修改过DNA的蚊子即使与雄性蚊子交配，生出的蚊子也不具备繁殖能力。如此一来，“作恶多端”的蚊子终将面临灭绝。

实际上，人们很容易形成这样一种观点，即通过“生物武器”彻底消灭蚊子的方法会给人类带来很大的好处。但是，也有人认为，在将新技术投入使用之前，应该更加注意其潜在的危险性。他们主张，在大自然中如果突然使用某种新技术，生态系统以人类意想不到的方式做出反应的话，可能会产生难以预料的负面影响。例如，驯鹿在长途迁徙时，通常会选择通过蚊子较少的地区作为移动路线，如果某一地区的蚊子突然消失，那么，驯鹿的移动路线可能会发生变化。这样一来，该地区的食物链就会发生重大变化，而这可能会再次对生态系统产生意想不到的冲击。

如果长期处于平衡状态的生态界秩序面临被打乱，那么今后将走向何种形态的新均衡？以及在此过程中会发生何种意想不到的蝴蝶效应？对于这些疑问，实则很难在事前做出判断。如果韩国想要避免目光短浅的错误判断，尤其需要对这些主张和警告保持警惕。

威胁生态界的外来入侵物种

此外，外来入侵物种也是影响生态稳定性的因素。在韩国，外来入侵物种也是非常棘手的问题。被称为“怪物老鼠”的河狸鼠是扰乱韩国生态界的代表性外来入侵物种。河狸鼠原本是栖息在南美洲的啮齿动物，在 20 世纪 80 年代毛皮服装受到人们的青睐后，河狸鼠成了新的毛皮来源被引进到了韩国。但出乎意料的是，由于饲养河狸鼠带来的经济利益微乎其微，农户们对河狸鼠的置之不理随后引发了环境问题。目前，韩国政府将河狸鼠指定为唯一扰乱生态系统的哺乳动物，并开展防治工作。

除河狸鼠外，还有许多动物被列为韩国外来入侵物种。例如，牛蛙、巴西龟、蓝鳃太阳鱼、花蝉、墨胸胡蜂、中国花龟、红火蚁、霜梅蛾蜡蝉、美国淡水小龙虾、广翅蜡蝉等外来入侵动物。此外，豚草、双穗雀稗、北美刺龙葵、小酸模、刺果瓜、白孔雀草、野莴苣、互花米草、葎草、葱芥等众多外来入侵植物也已经入侵韩国。出现外来入侵物种的原因一部分是由于气候变化导致的，另一部分则是人类为获得经济利益或满足个人好奇心而盲目从国外引进导致的。

从国外引进的干扰物种本身并不属于“坏”的动植物。值得注意的是，如果贸然将外来物种引进国内，那么，短期内极有可能会给国内本土生态界带来巨大的冲击。特别是我们应谨记，在全球化的 21 世纪，发生威胁生态环境事件的危险性比过去任何时候都大。

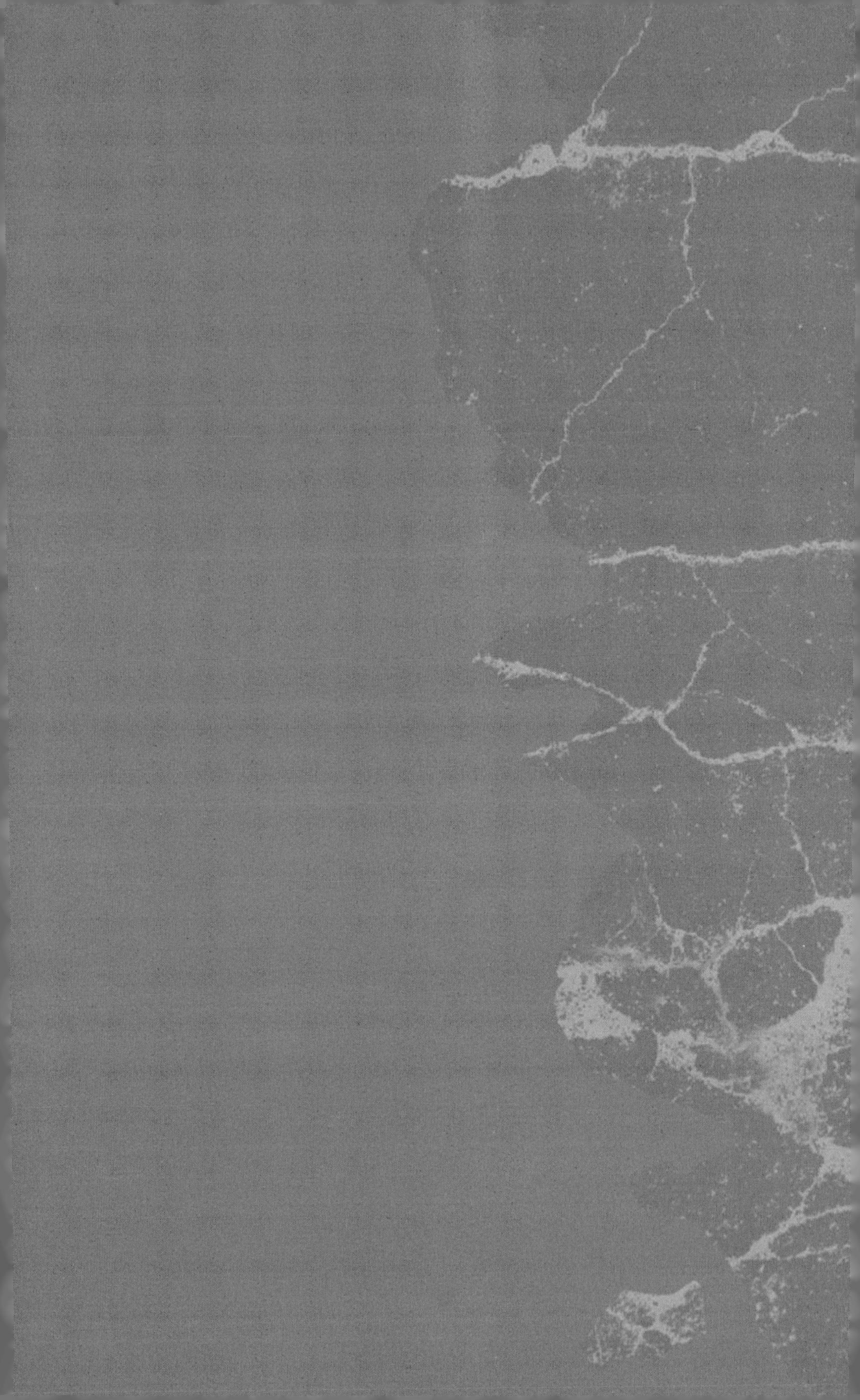

12

在人类的干预下地球发生了巨变：气候异常和生态界的破坏

但是，

我后来明白，

不存在那种微不足道到

无法改变外部环境的人。

——

格蕾塔·通贝里（Greta Thunberg）

人类世和气候变化

从地球灾难史来看，起初大多数灾难是由自然力量引起的，但随着时间的推移，掺杂人为因素的灾难逐渐增加。有学者认为，人类不仅影响了灾难的长期发展趋势，还对地球地质特征造成了重大的影响。由此，人类活动开始前后的地层呈现出了不同的面貌。此外，人类对地球环境的破坏不仅一定程度上改变了以往的地质结构，而且还使地球的气候环境也发生了显著的变化。即，人类给地球带来了本质性的变化。

随着这种主张逐渐为更多人所接受，人类世一词逐渐成为当今地质时代的用语。第一个提出该用语的人是诺贝尔化学奖获得者保

图 3-3　库格·布兰特（Cuger Brant），《人类世的黎明》，2003 年
很多人主张，应该承认当今人类世这一独立的地质时代

罗·克鲁岑（Paul Crutzen）。准确来说，人类世是指继第四纪的洪积世和通常被认为是最后地质时代的冲积世之后的独立时代。

但是，对于人类活动是从何时开始对地质造成影响的这一问题，至今学者们的观点仍存在分歧。最近，有人认为这一时间点始于 1945 年，即核试验导致放射性物质扩散到大气中开始。也有人认为，应该以工业革命中化石燃料开始广泛使用的 18 世纪中期为起点。还有人认为，应以在新石器革命后，人类进入农耕和畜牧定居生活的时间点为准。此外，也不乏从物种灭绝的观点出发，将 1.4 万—1.5 万年前视为分界点的观点。

如果将 1 万年前乃至更早视为人类活动对地质活动造成影响的时间点，那么从时间线来看，与现在的地质时代冲积世（又称全新世）是很接近的。人们通常认为，冲积世始于 1 万年前。然而，无论遵循哪种观点，在讨论人类世时，无一不认为人类产生的影响会对地球环境本身产生重大影响。这也是人类对不能再破坏地球环境的自省。

如果从人类对气候造成的影响这一角度分析，从工业革命时期开始，煤炭等化石燃料的使用量大幅增加的时期非常重要。从整个地球的角度来看，最重要的气候变化现象非全球变暖莫属。全球变暖意味着地表平均温度呈长期上升的趋势。人类开始大范围对地表温度进行观测的时间点是在 1850 年，因此在之前的 100 年里，即人类很难准确知道工业革命期间的地表温度。不过，在这一期间，英国以外的国家还没有正式走上工业化道路，化石燃料的使用量也没有大幅度上升。因此，可以推测相比于 1850 年以后，这一时期的温度变化较小。

图 3–4 为 1850—2010 年地表温度的变化情况。该图表显示了以 1981—2010 年的平均地表温度为基准，各年度地表温度的波动。在 1850—1920 年期间，各年度地表温度比基准温度约低 0.6 摄氏度。在 20 世纪 10 年代前后，温度开始呈上升趋势，并且一直保持到 20 世纪 40 年代左右。在维持了约 30 年的平稳状态后，从 20 世纪 70 年代以后，地表温度呈现出激增趋势，地表温度快速上升。综合来看，除了个别时期地表温度曾出现过短暂的停滞外，整体上升势头明显，且上升速度逐渐加快。

图 3–5 显示了地球上不同地区的地表温度增加速度。即以 1951—1980 年的地表温度为基准，观测 2021 年各地区的地表温度差异。这一年地球 73% 的地区的温度肉眼可见地升高。从该资料可以看出，与赤道附近相比，高纬度地区的地表温度上升趋势更为明显。在距离北极点较近的地区，特别是欧洲、俄罗斯东部和加拿大的气温上升幅度最大。而这种差异也是下文中引起北极寒流的主要原因。

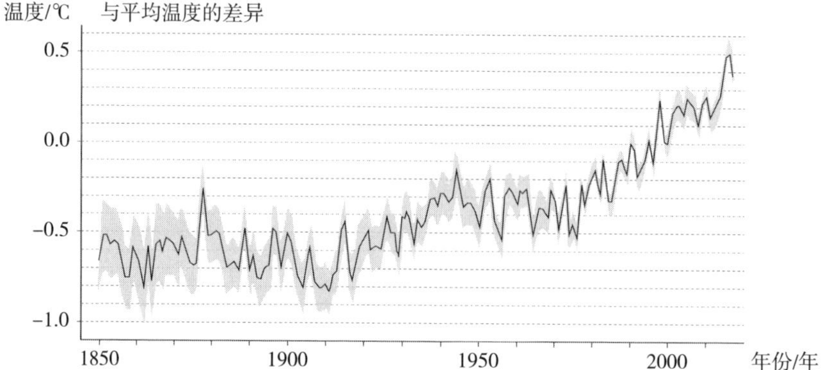

图 3-4　地球平均地表温度的偏差，1850 年以后
资料出处：英国哈德利中心

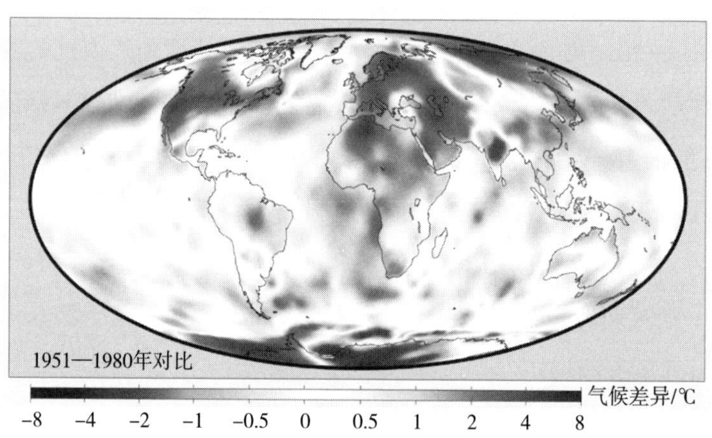

图 3-5　地球各地区地表温度的变化，2021 年 6 月为基准
资料出处：www.BerkeleyEarth.org

逐渐上升的地球温度

此前，我们一直把地球平均温度上升的现象叫作“全球变暖”。但是,“全球变暖”一词对于传达气候变化问题的迫切性来说，似乎过于柔和。“地球加热”或至少像“地球温度上升”这样的用语更为合适。虽然造成地球温度上升的因素十分复杂，但科学家们一致指出，其中温室气体的排放是最重要的因素。引起温室效应的气体中，二氧化碳约占 9%—26%，占比最高。其次是甲烷，约占 4%—9%。虽然云和水蒸气也会产生温室效应，但是两者并不属于人类控制的对象。

工业革命以后，在人类活动的影响下，二氧化碳、甲烷、二氧化氮、臭氧、氟利昂气等气体的排放量大幅增加。到目前为止，仅二氧化碳的排放量就增加了 36%，而这主要是由人类大量使用化石燃料导致的。在过去 20 年间产生的二氧化碳中有四分之三是来自于化石燃料的燃烧，其余则是地表上人类活动的结果，如伐木等。此外，甲烷排放量的变化更是令人惊讶。自工业革命以来，甲烷的排放量足足增长了近 150%。其中，很大一部分是在为了获得肉和奶，饲养的家畜的过程中产生的。

那么，今后地球温度上升还会持续多久呢？据联合国政府间气候变化专门委员会报告书预测，在不久的将来（2021—2040 年）气温将上升 1.5—1.9℃；在 2041—2060 年，预计会上升 1.6—3.0℃。并且，这种上升趋势还将持续到遥远的未来。对于太平洋和印度洋的一些岛国来说，温度上升的消息无异于晴天霹雳。这是因为，如果因气温上升导致海平面上升，这些国家很有可能会被海水淹没。

因此，在未来可能会出现很多“气候难民”。

然而，除了沿海国家会遭受气候变化带来的灾难，气候剧变还将在地球各处引起粮食短缺。据世界粮食计划署（WFP）的推算，目前有超过 8 亿人面临着粮食不足的问题，4 000 万人面临着饥饿危机。导致粮食不足的原因中相当一部分是因气候变化引起的歉收或是由气候变化的影响与政治纷争相互作用而引起的。粮食短缺不仅会造成饥饿和营养不良，还会使食不果腹的人不得已背井离乡，孩子们无法正常地接受教育。使农业基础遭到严重破坏，令今后的粮食生产雪上加霜。而导致这种贫困恶性循环的最重要因素就是气候变化。

但是，是否就能因此断定，从工业革命到现在为止的气候变化是由人类活动引起的呢？难道在这一时期自然力量就没有引起气温变化吗？难道不能解释为就像中世纪以后出现小冰河期一样，在这个时期，随着自然界的变化，气温出现了上升的趋势吗？对于这些问题，科学家们一直在致力于给出正确的回答。长期以来，科学家们试图区分在上升的气温中，有多少是由自然力量产生的，有多少是由人类活动产生的。

图 3–6 为科学家们的研究结果。据美国航空航天局（NASA）的分析结果显示，自 1880 年以来，明显观察到了气温上升的趋势。截至 2020 年，气温约上升了 1.2 摄氏度。假设 1850—1900 年的平均气温是工业化前的一般水平，那么如图所示，到目前为止发生的气温变化中，自然力量引起的气温变化可以说是微乎其微，几乎大部分气温上升都是由人类活动导致的。特别是 1970 年后，气温上升的速度明显加快。由此可见，如今地球温度之所以不断呈现出上升趋势，绝大部分是由人类活动造成的。

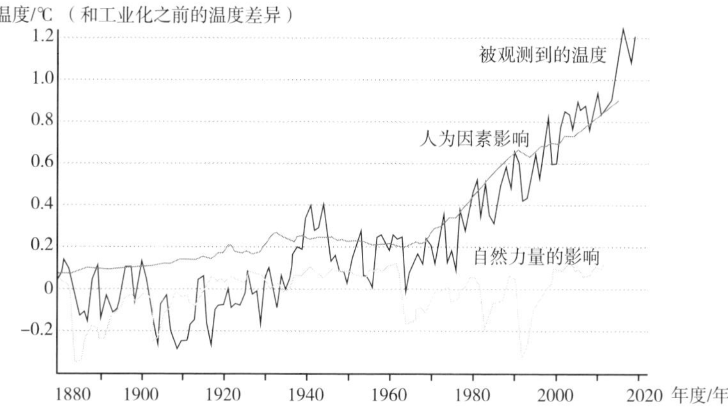

图 3-6 气温上升的因素
资料出处：NASA

然而，地球温度上升不仅仅意味着气温的上升。如今，地球温度上升还带来了海平面上升、海洋循环的变化、季节性山火增加、海洋酸化、生态多样性减少、地区沙漠化和洪水灾害等广泛的问题。其中，海平面上升带来的损失最为直观。据推测，从工业革命时期到现在，地球的海平面约上升了 20cm。

有分析认为，最近海平面也在持续上升，且上升速度越来越快。如果整个地球的平均地表温度上升 2℃，海平面将上升 1m 以上，地球上许多港口城市和海岸地带将被海水淹没。据相关研究推测，根据冰山融化程度的不同，海平面可能将上升 3m 以上。据 2019 年的研究结果显示，到 2050 年，如今 1.5 亿人正在生活的居住地将低于海平面，每年约有 3 亿人将居住在受海水侵袭的地区。

图 3–7　由于海平面上升，在涨潮时美国佛罗里达州迈阿密的部分街道被海水淹没 ©B137

为了解决气候问题 国际社会做出的努力

然而，单靠个别国家的努力是无法解决气候问题的。只有多个国家齐心协力，共同承担责任，才能获得理想的效果。但在现实中，要想达成这样的国际共识绝非易事。此前，国际社会曾签订过《京都议定书》(*Kyoto Protocol*)，旨在控制地球温度的上升。然而，在设定温室气体减排目标、制定具体减排日程的讨论过程中，各国出现了很多分歧。此外，对于是否应该让发展中国家参与其中这一问题，各国进行了非常激烈的争论。尽管在 1997 年通过了《京都议定书》，并在 2005 年开始生效，在一定程度上给人们带来了期待。但是，其局限性也十分明显。占世界二氧化碳排放量四分之一以上的美国以保护本国产业为由，于 2001 年退出了协定。部分发展中国家免除了温室气体减排义务。最终，只有占世界温室气体排放量 14% 的部分国家需要承担《京都议定书》的减排义务，因此其效果可想而知。

不过，人们并未就此停下减排的脚步。2015 年,《巴黎协定》（*Paris Agreement*）在第 21 届联合国气候变化大会上通过，并于 2016 年正式实施。占世界温室气体排放量 70% 以上的国家参与了这项协定，并且所有参加国都要承担温室气体减排义务，各国人民对此充满了期待。但随着 2017 年美国总统特朗普宣布退出该条约，人们的期待变成了失望。各国人民难以再相信《巴黎协定》能够成为减缓地球温度上升的有效对策。令人欣慰的是，2021 年就任美国总统乔・拜登（Joe Biden）宣布美国将重新加入《巴黎协定》，再次燃起了国际互助的希望之火。

下面，让我们来分析一下为何达成国际协议会变得如此困难吧。应该由谁来承受温室气体排放带来的负担？各国之间如何分配相应的负担？应该以今天的温室气体排放量为标准？还是应该以之前的累计排放总量为标准？就这一系列问题，各国仍在争论之中。如果以工业革命时代到今天二氧化碳的累计排放总量为基准，那么，今天发达国家要负超过四分之三的责任。相反，如果以目前的排放量为基准，那么发展中国家所占的比重则相对更高。

以工业革命初期的 1800 年为基准，大部分二氧化碳是由英国排放的。此后，后发展起来的欧洲工业化国家（类似于如今欧盟的 27 个成员国）和美国的二氧化碳排放量占比逐渐增加，并在 20 世纪前期超过了英国。此外，在 20 世纪后期，经济发展相对落后的中国和印度的二氧化碳排放量开始明显上升。目前，与主张以目前排放量为基准的发达国家不同的是，发展中国家则主张以累计排放量为基准。也就是说，如果这一矛盾无法妥善地解决，对于地球温度上升这一问题，很难制定出切实有效的对策。

袭击美洲大陆的沙尘暴

到目前为止，我们从世界层面观察了气候变化问题。下面让我们来了解一下特定时间和地区发生的气候变化。在前文对工业革命时期出现的气候变化进行讨论时，我们主要关注了城市化和工厂带来的影响。但是，近些年来，在所有经济领域，因开发和使用技术而引起资源枯竭的事例可谓是屡见不鲜，就连作为传统行业的农业也陷入了这一局面。由于过度使用使土质恶化的栽培技术，过去不存在的灾难也逐渐登场。

最具代表性的事例是在 20 世纪前期席卷美国的沙尘暴。尤其是在 20 世纪 30 年代，这一灾难给美国带来了巨大的损失。沙尘暴使土壤受到了严重侵蚀，并在短时间内造成了农田的荒废。这场史无前例的沙尘暴让人们头疼不已。值得思考的是，这场沙尘暴为什么在这一时期大规模席卷美国呢？

大航海时代以后，美洲的生态环境发生了巨大的变化。随着人类、动植物和病原菌从亚欧大陆进入美洲，美洲的生态系统迎来了前所未有的“大变革”。而土地作为经济活动的重要资源，也未能避免被卷入这种大变革。在牛羊被欧洲人引入美洲之前，水牛占据着美国广阔的平原。据估计，在大航海时代之前，水牛约有 5 000 万头。在这一时期，在这片土地上广泛分布的草类并不是今天我们所熟悉的草，而是被称为“水牛草”的一种长而具有韧性的草。对于水牛来说，水牛草是必不可少的食物。但是，在 19 世纪，对于急于将活动领域扩展到西部的白人开拓者来说，水牛草毫无价值。白人开拓者迫切希望得到可用作耕种的土地。此外，美国政府也大力支持白人移民在大平原定居，在未开垦地区耕种土地。受这一政策的鼓舞，许多移民者选择前往大平原定居，并成为了个体户。而这一运动一直持续到 20 世纪初期。

1914 年，第一次世界大战爆发后，随着全球农产品价格迅速上涨，美国国内的农产品价格相应地发生了上涨。于是，农民们希望进一步扩大耕地面积。在这种情况下，农民们开始大规模除去原本生长在平原上的水牛草，将其变为了耕地。然而，当时农民由于对土地的认知并不充分，并不知道这种草具有保持土质紧固、积累水分、防止土地干旱等独特的性质。他们甚至不知道，为了维持土地的营养，需要休耕或轮流种植多种作物。抑或是为了眼前的利益而选择了无视这一自然规律。不仅如此，许多农民为了种植棉花，还将土地表面的杂草除去，使土地整个冬天都暴露在狂风中。这些鲁莽的行动无一不使土壤遭到了侵蚀。

图 3-8　图为 1935 年在美国得克萨斯州刮起的沙尘暴

第一次世界大战结束之后，世界的粮食价格出现了下跌趋势。战争期间，纷纷选择本国优先主义的各国，争先恐后地扩大了本国的农业生产基础，因此导致了战后农产品的供给过剩。在当时，大多数国家为了保护本国经济，纷纷选择了贸易保护主义作为经济基调。因此，美国农民很难从出口中获益。在这种情况下，为了挽回家庭收入不断减少的局面，农民们反而选择了进一步扩大农作物的耕作面积，结果却造成了粮食价格的进一步下跌。尽管耕地面积不断扩大，农民的收入却丝毫没有增加的迹象。

不过，仍有很多农民抱有乐观的期待。因为他们相信，只要将原来长满草的土地用作耕地，气候就会变得适合耕种。农民们还相信，“雨随犁到”的说法是正确的。并且，当时的一些农学家也主张这种想法在理论上是合理的。

然而，从 1930 年开始，不断出现的沙尘暴和大规模的干旱打破了人们以往的期待。巨大的风沙瞬间吞噬了农场，漆黑的灰尘风暴遮住了天空。此后，沙尘暴不断“造访”这片大地。到了 1935 年，发生了史无前例的大规模沙尘暴，高度超过 3 000 米的巨大沙尘“疾走”了 3 000 多千米，甚至波及到了美国的东部海岸。

在 20 世纪 30 年代，这位不速之客几乎每年都不请自来。特别是 1935—1938 年，干旱尤为严重。风沙卷走了表层土壤，给耕地造成了致命的打击。“雨随犁到”的说法以代价惨痛的方式被证明是完全不正确的。相反，由于再也没有水草将水分留在土壤中，原本广阔的土地变得更加贫瘠。在这片寸草不生的大地上，以种庄稼为生的农民们失去了谋生的能力。不仅如此，在此期间，沙尘暴对人体健康造成危害的现象也不断增加。随着人们持续吸入充满灰尘的空气，不断出现患上哮喘或支气管炎等疾病的人。甚至患有与硅肺症（又被称为“褐色瘟疫”）类似症状的患者人数也不断增加。由于当时的医疗设施不足，且公共保健系统也不完善。因此，很多患者一直饱受病痛的折磨，死亡人数大幅增加。

在沙尘暴肆虐期间，农田荒废和干旱造成的累积经济损失让农民苦不堪言。在当时，有多达 50 万名的灾民，超过 300 万人为了寻找新的生活，加入了漫长的移居行列。不仅是农业部门，整个美国经济都陷入了大萧条的巨大漩涡中，无数人因贫困而饱受折磨。

直到富兰克林·罗斯福（Franklin Roosevelt）当选总统，实施新政后，才逐渐找到了克服危机的头绪。沙尘暴时期的农业不景气问题成为了需要迅速克服的首要课题之一。为此，罗斯福制定了多种政策。例如，为了稳定农户的收入，政府限制了各农户种植、饲养的谷物量和家畜的生产量，在这一过程中发生的损失则由政府进行补偿；建立了农民生产的粮食、水果、肉类可以通过当地救助系统分配的制度；为了防止土壤的进一步侵蚀，政府在购入 1 000 万英亩（约 4 万平方千米）的广阔耕地后，将其改为了草地，并种植了 2 亿棵树。

图 3-9　图为 1936 年美国南达科他州的面貌
农具和设施被巨大的沙尘暴掩埋在沙堆里

此外，向农民传授避免耕地枯竭的农业方法也很重要。为了让农民们知道土壤侵蚀具有危险性的原因、轮作法为什么有效、为什么需要重新种植水草，相关部门对此进行了广泛的普及宣传与教育。自此，美国农业逐渐走向了恢复之路。在遭遇沙尘暴这一巨大的环境灾难并付出昂贵的代价后，人们才从中领悟到惨痛的教训。由于人类对技术的盲从和固执地坚持本国优先主义，给地球的生态环境留下了难以洗刷的伤痕。

温室效应带来的北极寒流

人类因气候剧变遭受了巨大的损失。进入现代以后，过去不存在的新型自然灾害频发。例如，冬季经常袭击北半球国家的寒流就是代表性的例子。连续几天气温低于零下 20℃，有时甚至会低于零下 30℃，导致无数人和动植物因此遭受财产等各种损失的现象被称为“北极寒流”。

那么，引起北极寒流的原因是什么呢？令人意外的是，科学家指出，地球温度上升是造成北极寒流的罪魁祸首。这不禁令我们感到疑惑，温室效应导致的地球温度升高现象如何能招致猛烈寒流的出现呢？对此，科学家们解释说，由于地球以时速超过 1.4km 的速度自转，在极地大气中会产生漩涡，由此形成的冷空气极涡一般会被急流拦截，导致其无法南下，只能停留在极地。

急流是指在对流层或大气层上部快速流动的窄而强的风速带。但是，受地球温度上升的影响，如果极地气温上升，与中纬度地区的气温差距就会缩小，急流的拦截力量就会减弱。此时，如果极涡突破急流南下到中纬度地区，就会给该地区带来巨大的寒流。几天后，随着冷空气漩涡再次北上到极地，气温才会恢复。这种极涡周期性地反复南下和北上的现象被称为“北极涛动”，由此导致的暂时性的严寒就是北极寒流。

2019 年 1 月，因遭受北极寒流的袭击，美国芝加哥气温达到零下 30℃后，短短三天内气温就上升到零上 10℃，也就是说气温在短短几天内上升了 40℃。2021 年 2 月，百年不遇的北极寒流再次袭击美国，导致美国 73% 的国土被大雪覆盖。很多州的气温下降到了零下 50℃至零下 30℃，甚至位于美国南部的得克萨斯州也出现了零下 18℃的严寒天气。突如其来的极寒天气让原本不具备应对寒流天气的南部地区一下子陷入了瘫痪状态。发电站停止运转，400 多万户家庭因发电机停止运转在黑暗中瑟瑟发抖。不仅如此，商铺、学校、医院也都因此进入了停滞状态。据估计，这次灾难造成的经济损失高达 1 万亿韩元。

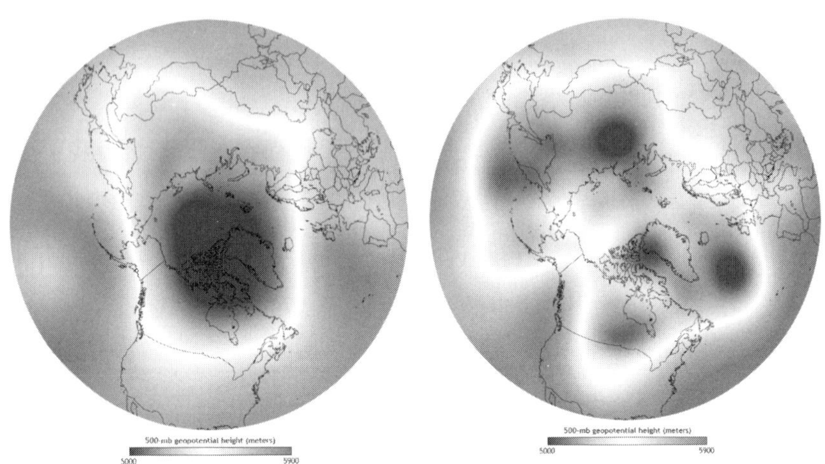

图 3–10　图为北极地区的极涡。左图时间为 2013 年 12 月，右图时间为 2014 年 1 月
资料出处：美国国家海洋和大气管理局（NOAA），http：//www.climate.gov

图 3–10 显示了极涡南下带来的北极寒流现象。左图为急流有效地阻挡了极涡，右图为因急流减弱，极涡南下到北半球各地，引发了北极寒流。虽然在南半球也会发生同样的现象，但由于南极寒流影响的大陆面积有限，因此通常不会引起大规模的灾难。

据悉，进入 21 世纪后，特别是从 2010 年开始，北极寒流的出现频率逐渐提高。亚洲、北美洲、欧洲都可能会受到北极寒流的袭击。例如，2012 年在乌克兰，2014 年在美国东北部都曾发生过罕见的寒流现象。东亚和韩国也未能免受北极寒流的侵袭。2016 年 1 月，北极寒流横扫了整个东亚地区。中国内蒙古自治区的气温骤降到零下 49℃，长白山山脚下的三池渊气温不足零下 37℃，韩国首尔市气温达到了零下 18℃，是 21 世纪以来的最低温度。中国台湾的台北市和中国香港的气温达到了数十年来的最低值，分别创下了零上 2℃和零上 3℃的记录。在当时，该温度创下了数十年来的最低气温纪录。2021 年 12 月，北极寒流再次袭击了东亚地区。中国黑龙江地区遭遇零下 48℃的严寒，朝鲜长白山附近的气温达到了零下 40℃至零下 35℃。韩国江原道铁原一带的气温降至零下 25℃以下，京畿道也有很多地区气温降至零下 20℃以下。

地球温度上升并不意味着整个地球的气温平均上升。相反，由于地球各处的温度上升程度不一，从而会引发意想不到的地区性气候灾难。这种气候灾难除了以北极寒流的形式表现出来，还可能会引发海水温度上升、草地沙漠化、大型山火扩散、热带气旋频发等灾难。而且，这些灾难还会以海平面上升、干旱、沙尘暴、大气污染、洪水及传染病扩散等多种形式给人类带来痛苦。

为了减少碳足迹人类做出的努力

温室气体是导致气候危机的最主要因素。其中，当属二氧化碳的排放占比最大。为了有效减少二氧化碳的排放，我们首先要了解二氧化碳是通过什么途径被大量排放的。

在制造、流通和消费商品的整个过程中都会排放二氧化碳。在这里，我们便不得不提到碳足迹这一概念，这一概念于 2006 年提出，在如果能知道特定商品或特定活动排放二氧化碳的总量，就能对环境产生助益的宗旨下，以重量单位克或把通过光合作用减少的二氧化碳量换算成树木棵数作为衡量标准。为了促进环保产品的生产和消费，从2009年开始，韩国相关部门规定在商品包装上须标注在生产和流通过程中产生的二氧化碳排放量。

下面，让我们一起来看一看日常生活中会产生多少碳足迹吧。使用一次性杯子产生的碳足迹为11克、洗澡15分钟产生的碳足迹为86克、使用吹风机5分钟的碳足迹是43克。由此可见，就连满足清洁身体这一基础需求，也会排出不少二氧化碳。此外，收看2个小时的电视、使用5个小时的笔记本电脑产生的碳足迹量均为129克。生产食物则需要更多的碳足迹。饮用250mL的橙汁会产生360克的碳足迹，如果想吃320克牛肉，就会产生4 390克的碳足迹。那么，使用一年手机的话会产生多少碳足迹呢？令人震惊的是，足足会产生11.3万克碳足迹。也就是说，我们每天都在制造大量的碳足迹。可以说，对各自制造出的碳足迹大小进行反省是减少碳足迹的第一步。

最近，越来越多的国家表示，将在未来的几年减少内燃机汽车，而这被国际社会认为是积极的信号。挪威和荷兰决定从2025年开始禁止销售内燃机汽车，英国和法国则将这一目标定在了2030年。韩国也公布了2035—2040年淘汰内燃机汽车的目标。内燃机的淘汰不仅可以减少碳足迹，而且对减少可吸入颗粒物这一大气污染源也有

图3-11　图为碳足迹认证标识

巨大的助益。因此，淘汰内燃机汽车将会成为世界性的趋势。

除了碳足迹以外，还有一些基于与碳足迹相似的问题意识而制定的概念。例如，水足迹是指衡量用于生产、使用和销毁某些商品所用水量的单位。这一概念旨在提醒人们宝贵的水资源的重要性。例如，一个重量为 300 克的苹果的水足迹为 210L；1 千克猪肉的水足迹为 4 800L。

此外，还有生态足迹的概念。所谓生态足迹指将人类在生活中对生态产生的影响换算成土地面积，以计算人类在衣食住行以及消耗生活用品时，所需资源的生产和废弃费用。生态足迹的世界人均值为 1.8hm^2，该国家或地区的生态足迹越大，说明环境问题越严重。由此可知，生态足迹具有综合衡量人类对环境的影响的特点。

这些足迹的概念旨在提醒人们要提高对环境保护的警惕性。在日常生活中，我们很容易忽视对环境的责任，甚至会误以为自己的生活非常环保。但是，如果试着从足迹的角度分析的话，没有几个人能保证在过去的岁月里自己对生态环境不存在任何亏欠。

通过饮食结构改变地球

虽然就减少碳足迹这一提议，大多数人是乐于接受的，但是，就减少碳足迹这一实际行动，却很难达成社会共识。特别是，最近有部分人主张，为了保护环境，人类的饮食生活需要做出调整。下面，我将简单地向大家略作说明。

据科学家推算，我们通常摄入的食物（米饭、肉类、蔬菜、水果、酒等）排出的温室气体约占家庭温室气体排放量的10%—30%。如果将食品原料的生产、包装、运输过程以及食品废弃物处理过程产生的温室气体算作在内的话，饮食产生的温室气体约占人类排放温室气体总量的21%—37%。

此外，肉类和乳制品等畜产食品与温室气体排放有着非常密切的关系。例如，生产1千克鸡肉需要2~3千克的谷物，而生产1千克猪肉则需要6~7千克谷物。因此，与植物性食品相比，生产鸡肉和猪肉时排出的温室气体更多。不仅如此，生产羊肉排放的温室气体要更多，牛肉则更甚。获得1千克牛肉需要12~14千克谷物，像牛等反刍动物还会通过打嗝和放屁排出大量的甲烷。据悉，甲烷引起的温室效应最高可达二氧化碳的80倍，粪便中产生的二氧化氮引起的温室效应相当于二氧化碳的310倍。目前，全世界饲养用牛的数量约为14亿头，不难推测其排放出的温室气体量之大。在今天，地球一半左右的农田被用于种植家畜用饲料，并且每年还会消耗大量的水资源用于饲养家畜。

自人类出现在地球上以来，便一直以杂食为生，肉在人类的饮食结构中占有重要的地位。随着现代收入水平的提高，人均肉类消费量不断呈增加趋势。虽然提倡减少或干脆拒绝肉类摄取的群体数量正在增加，但就目前来说，还不足以改变肉类消费量增加的趋势。例如，1990年韩国人均肉类摄入量在30kg左右，然而，仅在20年后就增长到了56千克。

那么，在现实生活中，为了能够改善地球环境，是否有办法能改变家畜的饲养方式或减少肉类消费呢？首先，一部分人认为，在维持现有家畜饲养方式的同时，只对家畜的饲料进行一些调整，也能有效减少温室气体的排放。科学家发表了这样一项研究结果，在牛的饲料中添加一些海藻，就可以减少 80% 以上的甲烷排放量。值得注意的是，海藻不仅具有低廉、可持续供应的优点，还具有很强的二氧化碳吸收能力。

也有很多人认为，应该从改变肉类的消费方式入手。例如，如今许多食品企业都在争相研究开发人造肉。首先，从大豆、蘑菇、南瓜等植物中提取出蛋白质合成人造肉的技术正不断走向成熟。神奇的是，在食用这种人造肉时，还能够感受到肉类特有的质感和肉汁。据统计，相比于传统肉类，植物人造肉的土地使用量减少了 95%，温室气体排放量减少了 87%，水资源的消耗量减少了 75%。其次，从用于食用的家畜体内提取干细胞并进行培养，也可以生产出肉。这种肉被称为“培养肉”，其成分和味道与所饲养的家畜肉感基本相同，因此更易受到肉类爱好者的青睐。同样的，还可用这种方法生产出人造鸡蛋。最后，还有人提出，为了维持人体所需的蛋白质，可以通过可食用昆虫代替平时摄入的肉类。虽然越来越多的人了解到昆虫对生态系统的影响较小，且可以提供人体所需的优质蛋白质，但是，人类对食用昆虫的排斥心理限制了其在开发领域的潜在价值。

无论哪种方法，人造肉不仅具有环保性，而且还可以避免家畜被屠宰以及预防家畜传染病和滥用抗生素等问题。在今天，需要改变人类长期以来的饮食结构的这一主张，逐渐得到了更多人的响应。我相信，在不久的将来，能在品尝具有肉类质感的美食的同时，还能通过环保、可持续的方法重新调整我们的饮食结构的这一构想将会变成现实。

减少碳排放的可再生能源时代

让我们重新把目光聚焦于正在面临的气候问题。为了减少温室气体的排放，应该尽快减少使用化石燃料，并增加可再生能源的使用比重。如今，在电力、热力、运输等领域消耗的能源占比最高。也就是发、输、用电的过程和把热力用于制造冷暖气的过程，以及提供运输所需要的动力源的过程。问题是，长期以来，这三个领域以石油、煤炭及天然气为主要燃料。因此，综合来看，制定减少化石燃料使用的替代方案尚有难度。

图 3-12　在德国汉诺威市设置的一排排太阳能板

©AleSpa

目前，太阳能发电和风力发电是最普遍的提高可再生能源利用率的技术。此外，通过技术开发，潮汐能和地热也能成为重要的能源。但就目前来看，短时间内尚难以迅速提高其比重。目前，不少国家带头倡导使用环保能源，迅速提高了太阳能发电和风力发电的比重。在德国，环保能源的使用比重已达到整体能源使用的 43%，丹麦达到了 50%。

由于太阳能发电和风力发电几乎不产生碳排放，因此具有不会引起温室效应的优点，但同时这类发电方式也存在着缺点，最致命的缺点在于受依赖阳光和风等自然环境的影响较大。这意味着每日的发电量波动较大，造成电力生产价格的上涨。但是，太阳能发电仍具有巨大的发展空间。一方面，整体来看，目前对太阳能发电的需求呈增加趋势。另一方面，当产量规模达到一定水平后，也就是实现规模经济效应后，生产单价也随之下降。以 2019 年为基准，韩国太阳能发电所需费用约为每千瓦·时 94 韩元。与 2014 年（约 221 韩元）相比，不难看出其费用一直呈现出大幅度下降的趋势。而使用烟煤发电所需的费用为每千瓦·时约 86 韩元，长久来看，太阳能发电更加划算。最近一项研究表明，预计到 2030 年，韩国的太阳能发电成本将比现在低 30% 左右。

最近，在水上安装太阳能板的技术也在蓬勃发展。相比于在陆地安装太阳能板，在水上安装太阳能板不必考虑用地的问题，而且水能冷却光伏面板，因此在夏季尤为适用。虽然不少人担心在水上安装太阳能板会诱发绿藻的聚集或污染水生生态系统，但陆续有研究表明这些问题完全可以解决。

此外，原子能发电的所需费用约为每千瓦时 58 韩元，更具有经济性。但是，其中面临的核电站的安全标准强化和放射性废弃物的处理问题，以及发生事故的危险性等隐患也不容忽视。

不仅如此，风力也作为可再生能源而备受关注。特别是最近，越来越多的国家在海上建设风力发电园区。以 2019 年为基准，全世界海上风力发电的安装容量为 29 千兆瓦，预计到 2030 年将增加 7 倍左右，达到 234 千兆瓦。在这种趋势下，韩国也在“摩拳擦掌”，将海上风力发电计划具体化。最近，韩国政府宣布将在全罗南道海岸建立相当于 8 座核电站的 8.2 千兆瓦规模的海上风力园区。迄今为止，世界上最大的海上风力发电园区位于英国，而韩国正在规划的海上风力发电园区远远超过了这一规模。

保护生物多样的方法

在本章的最后，让我们关注一下生态系统的变化吧。自古以来，人类一直通过各种活动影响着生态系统。在新石器革命时期，畜牧业的出现标志着地球上家畜个体数的大幅度增加。在这里，我将通过生物量这一概念为大家解释生态系统的变化。所谓生物量是指世界上存在的特定生物的体重总和。以此为标准，观察当今动物的情况的话，就能发现有趣的现象。人类和家畜的生物量达 1.6 亿吨，而陆地和海洋的野生哺乳动物加起来也不过 700 万吨。因此，可以说，地球已经被人类和家畜占领。鸟类也是如此，野生鸟类的生物量为 200 万吨，而家禽（主要是鸡）的生物量则高达 500 万吨。

通过学者们的统计数据，我们将进一步了解新石器时代以前的生物量，即人类活动对自然的影响微乎其微的时代与现代的差异。在此期间，哺乳动物总生物量从4 000万吨增加到了1.67亿吨。其中，陆生野生哺乳动物生物量由2 000万吨减少到了300万吨，而海洋野生哺乳动物生物量由2 000万吨减少到了400万吨。当今时代，人类和家畜的生物量足有1.6亿吨，其中人类生物量占据了6 000万吨之多。因此，可以称得上是人和家畜的全盛时代。

随着人类技术的发展带来了生产量增加，交通手段的发达提高了空间移动速度，由此对生态系统产生的影响也随之扩大。例如，引入集中种植某种特定作物的单作模式、从国外引进新动物作为宠物，或为了经济利益而引进国外动植物的行为都将引起国内生态系统的重大变化。不仅如此，人类开发居住地和商业用地的过程、扩张耕地的过程、生产能源的过程、使用交通工具的过程、获得生物资源的过程、新疾病扩散的过程、环境污染的过程、发生气候变化的过程等，都可能会对生态界带来致命的打击。特别是，人类需要特别注意和防范生物种类逐渐减少的现象。

如今，生物多样性减少成了人类需要应对的严重挑战。维持生物多样性不仅可以丰富地球生态系统，即使从人类能够获得的现实利益考虑，确保生物多样性也是关乎人类未来生存和福利的决定性手段。因为生物不仅能成为重要的食物来源或饲料，而且也是众多医药品和化学物质的原料，具有无限的潜力。

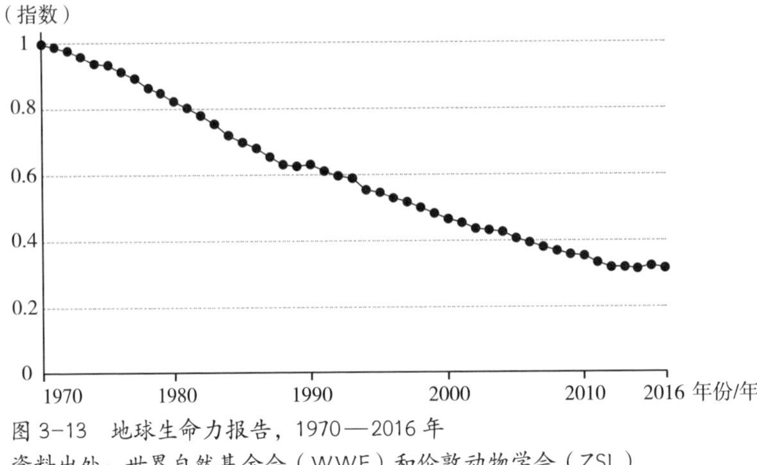

图 3-13 地球生命力报告，1970—2016 年
资料出处：世界自然基金会（WWF）和伦敦动物学会（ZSL）

历史上，因人类盲目滥捕而灭绝的动物数不胜数。哪怕是在此时此刻，地球上仍有 25% 的动物面临着濒临灭绝的危险。上图反映了近些年来地球生物多样性的减少趋势。地球生命力指数（Living Planet Index）是一项以脊椎动物个体数为中心，测定生物多样性的指数概念。图表中显示了自 1970—2016 年间，地球上存在的 4 000 多种脊椎动物在不同时期的灭绝趋势。不难看出，该指数呈现出持续下降趋势。所幸，2010—2016 年左右地球生命力指数出现了短暂的停滞现象，给人们带来了一丝安慰。

那么，未来生物多样性的趋势会如何发展呢？科学家预测，到 2050 年，目前存在的生物物种中将会有 30% 灭绝。此外，也有分析认为，每年约有 14 万种物种正在消失。在这种危机感下，国际社会逐渐形成了共同应对生物多样性问题的认识。1992 年签署并于 1993 年生效的《生物多样性公约》（*Convention on Biological Diversity*）便是在这种意识形态下所取得的成果。韩国也于 1994 年加入该条约，并在国际互助活动中起到了一定作用。加入《生物多样性公约》的国家被赋予了保护生物多样性以及和成员国合作的义务。具体来看，各国应制定维护生物多样性所需的国家政策，落实相关调查，做好生物的跨国家安全转移和管理工作。

目前来看，人类保存生物多样性的努力还远未达到扭转物种灭绝趋势的水平。因此，人类应时刻保持着保护生物多样性的危机感，并牢记确保生物多样性关乎着人类的未来。

13

瞬间陷入瘫痪的超连接性社会：数字事故

比起我发起的开放改革举措，

可能切尔诺贝利事件才是苏联解体的真正原因。

——

米哈伊尔·戈尔巴乔夫（Mikhail Gorbachev）

令纽约陷入瘫痪的 2003 年停电事故

2003 年 8 月 14 日下午 4 点 10 分，在世界经济的心脏城市——纽约突然发生了停电事故。事实上，在美国东北部、中西部和加拿大安大略省等诸多地区几乎同时发生了停电。室内突然变得漆黑一片，这让结束下午工作和学习的上班族、学生、主妇陷入了惊慌中。办公电脑画面黑屏、教室内部变得昏暗一片，以至于无法辨认彼此的脸庞、家里的电器也停止了运转。人们瞬间变得不知所措，却也只能打起精神收拾残局。但是，应对这场突然情况并不容易。该事故的源头是美国能源公司的警报系统出现了问题。由于软件发生故障，控制室无法正常维持运作，导致输电线超负荷运转，各地区开始出现依次停电现象，受灾地区迅速扩大。

停电持续了很长时间，部分地区停电发生后的2小时内恢复了供电，大部分地区也在凌晨恢复了供电。然而，正是在这不长的时间里，人们却经历了与平时完全不同的不便。在停电后，人们纷纷开始拨打电话。随着通话量的激增，很快就超过了电话线所能承受的水平。无法与他人取得联系，通信网被切断的人们很快乱成了一团。无线电话出现了同样的情况，由于用户突然集中使用手机，无线通信网陷入了超负荷状态，造成手机停止了运行。不仅如此，一些城市的供水系统也出现了故障，水压的降低引发了供水问题。在当时，政府还建议人们把接好的水烧开再饮用。在停电后不久，虽然大部分电视和收音机都很快恢复了正常状态，但也不乏部分电视台因为停电事故，几个小时内无法正常播放节目。

在这场停电事故发生时，正值炎热的夏天，很多地区的气温都超过了30℃。因此，人们对制冷的需求很高，这也是在停电发生不久后，受灾面积迅速扩大的原因之一。然而，情况还在继续恶化。冰凉的饮料和冰激凌本是消暑的最佳选择，但由于停电，冰箱和冷冻柜失去了制冷功能。更严重的问题是本次停电事故还导致了地铁和电车停止运行，人们只得乘坐出租车和公交车回家，然而原有的出租车和公交车根本无法承载激增的乘客数量。最终，如图3–15中所示，很多乘客只能步行回家。而好不容易回到家的人们甚至不能打开空调或电风扇放松疲惫的身体，当真是多磨多难的一天。

图 3-15　图为 2003 年因停电导致公共交通拥堵，选择步行下班的纽约市民们
©Glitch010101

系统灾难的典型案例——停电

2003 年的纽约停电事件便是具有代表性的系统灾难。这场事故的起因是计算机故障引起的技术问题导致了电力调整出现问题，最终造成了大面积停电。为了避暑的人们启动了制冷装置，而电力需求的增加进一步加重了停电事故的严重程度。此外，在事故发生后，由于电话通话量的剧增，通信网也发生了障碍。不仅如此，还出现了自来水供应不足、大部分交通工具停止运行、家电产品无法使用等问题。在一切事物都以系统化运行的现代社会，哪怕是在系统内发生的小问题，也可能会引起巨大的社会灾难。

停电是典型的系统灾难。由于电力在人类开发的系统范围内历史发展较长，从企业到个人，乃至整个世界范围内，几乎所有组织和人都在使用电力。因此，可以说电力在人类的生活中占据着重要的地位。突然发生的停电、跨领域发生的停电、长期持续的停电都会给我们带来很大的不便，并造成相当大的损失。

图 3-16　2012 年发生的飓风令纽约一半地区陷入停电状态
©David Shankbone

历史上，因停电受影响人数最多的事件发生在印度。印度是继美国和中国之后，世界第三大电力生产和消费国家，但与之相反的是，印度的电力基础设施却并不完备。2012 年，印度北部和东部地区发生的停电事故直接影响了 6.2 亿人的正常生活。这相当于印度一半的人口，可见其规模之庞大。在这起事故发生之前，世界最大的停电事件同样发生在印度。2001 年，印度北部地区发生的停电事故足足造成 2.3 亿人受灾。此外，2014 年孟加拉国、2015 年巴基斯坦、

2005 年和 2019 年印度尼西亚等国家也发生了大规模停电事件，1 亿多人因此受灾。无一例外，这些国家都是人口众多、经济发展缓慢、基础设施不完善的国家。

此外，也不乏因电路设施迟迟得不到修复，导致停电持续数年的案例。最具代表性的是 2013 年菲律宾、2017 年波多黎各、2019 年委内瑞拉发生的停电事故。菲律宾和波多黎各的停电事件是由超级台风和超大型飓风引起的，而在委内瑞拉发生的停电事故则是在严重的经济危机中持续发生的。

但是，即使是在经济结构高度发达、国民收入较高的国家，也无法避免停电的发生。其中，最具代表性的就是美国。下面，我们将简略地回顾一下过去 50 年间在美国发生过的停电事故。

在 1977 年，纽约曾因雷击发生停电，并发生了人们趁机抢劫商店的事件。在本次抢劫事件中，共有 4 500 人被警察逮捕；1982 年，美国西部沿海地区因强风发生停电，共有 200 万户家庭和商店因此遭受损失；1996 年，因夏季电力需求激增导致的停电事故使美国西北地区陷入一片黑暗，400 万人因此遭受不便；2003 年的纽约停电事件在前文已经提及，在此不再赘述；2012 年，飓风造成的停电事故令纽约到佛罗里达州的广大地区遭受了巨大的损失。

从美国的停电历史可知，即使是发达国家也不可能摆脱停电灾害。事实上，世界上任何一个国家都很难保证本国拥有足够安全的电力网。哪怕是在今天，地球上的所有人仍然随时会面临停电的危险。

确保连接媒体顺畅运行的条件

上文提到了至今为止所发生的一些重大停电事故，不妨让我们借此机会重新审视一下我们所生活的世界吧。我们的生活通过多种途径与他人和各自机构相连接。例如，我们可以通过公共交通、个人车辆、铁路、船舶和飞机等交通工具前往自己想去的地方。在今天，通信这一媒体的连接速度比交通工具更为快速。除了传统的电话线和电线外，人们还通过网络和无线通信传达消息、结算、进行股票投资等。此外，水管和煤气管道就像血管一样通向各个家庭；每辆汽车都装有导航仪，司机可以通过 GPS 设备了解地理位置。除了这种物理性连接媒体外，我们的生活还被各种非物理性手段所控制着。例如，信用卡、交通卡、社交媒体、外卖应用程序等众多网络工具把我们紧紧地捆绑在了一起。如今，我们正在迈向将人—人、人—物、物—物等世界万物紧密相连并使其相互作用的超连接性社会。

让我们来看一个实例。2020 年 12 月 14 日韩国时间晚上 9 点左右，谷歌服务中断了约 40 分钟。其中，电子邮件服务、文件共享服务（Google Docs）、云服务（Google Cloud）和广泛用于远程授课的谷歌视频会议（Google Meet）、视频网站油管（YouTube）同时中断了服务。虽然服务仅中断了 40 分钟，但期间却给很多人带来了不便。特别是服务中断发生在白天的国家，带来的影响更加严重。紧急需要处理的公司业务突然中断、很多学校的线上授课被迫停止、个人活动也受到了很多限制。实在难以想象，一个网络服务公司发生的短期故障却对全世界人民产生了如此巨大的影响！

随着技术的发展，越来越多的连接媒介将经济主体紧密地连接起来。此外，要想使各连接介质稳定地发挥作用，就必须保证其他连接介质的平稳运行。这样一来，相互依赖的多个部分有机地交织在一起后，就能够形成系统。如果系统的某一部分出现问题，在短时间内就会迅速出现不可估量的损失，这就是现代社会的本质。而在现代社会，无论是人为还是无意识地，这类危险时时刻刻潜伏在人们身边。

在现代社会，比起相信科学技术的进步，人们更担心科学技术带来的不确定性。社会学家乌尔里希·贝克（Ulich Beck）以惊人的洞察力在自己的著作《风险社会》（*Risk Society*）中也曾指出这一状况。他强调，除了经济发展落后的国家，即使拥有先进的产业社会的发达国家，也经常面临着各种危险，因此人们须时时省察。

福岛核电站事故和放射能泄漏

在现代，2011 年在日本福岛发生的核泄漏事故便是典型的系统性灾难。2011 年 3 月 13 日，福岛前海发生了 9.0 级超大规模地震。受此冲击，海底垂直移动了 9 米左右，并在沿海地区产生了高达 40 米的巨大海啸。此前，日本为了抵御地震引起的海啸，修建了长达 1.25 万千米的防波堤，相当于日本海岸线总长的 43%，可以抵御 8 级地震引起的海啸。但是，令人意想不到的是，此次海啸的高度超过了这一临界值。越过防波堤的海浪破坏了道路、住宅、车辆，并将残骸推至内陆 10 千米以外的地区。此次地震和海啸共造成 1.6 万人死亡，大多数人在海啸中丧生。

相比于地震和海啸，在福岛核电站发生的灾难更具长期影响力。为了抵御海啸，该核电站也配备了 6 米高的防波堤。但不幸的是，溢过防波堤的海水淹没了应急柴油发电机和循环泵，并导致冷却系统失灵。最终，这场灾难因电线中断而发生了致命性问题。

结果，堆芯过热导致了核燃料熔化。安全壳内氢气发生了爆炸，铯等放射性物质大量释放到空气中，造成了冷却水被污染、放射性物质流入大海。爆炸发生后，居住在事发现场半径 20 千米以内的 20 余万居民被迫搬离原本的家园。

迄今为止，核电站还在继续泄漏放射性物质。日本政府表示，将不再存放大量增加的核污水，预计进行排海处理。日本政府还主张，核污水在经过处理后，除氚以外，大部分放射性物质已被清除，十分安全。并且，氚能够迅速被稀释，即使进入人体，也会很快被人体排出。对此，不少专家认为，日本政府的解释过于低估了放射性物质的危害，这将引起世界人民的恐慌。

被电脑和互联网
改变的世界

在谈论系统灾害时，便不能不提电脑和网络。毫不夸张地说，电脑和网络是连接世界万物的“蜘蛛网”。以 20 世纪中期为起点，人类迎来了史无前例的新时代，即知识型社会的登场。随着信息通信技术的快速发展，现有的产业生态系统发生了根本性的改变。首先，个人电脑广泛普及后，互联网将个人电脑和服务器连接起来，

图 3-17　图为苹果公司出售的早期个人电脑
©Ed Uthman

信息移动速度和费用发生了戏剧性的变化，企业和产业结构也随之发生了本质性改变。所谓的信息化革命时代和第三次工业革命时代已经到来。未来学家阿尔文·托夫勒（Alvin Toffler）所提出的第三次浪潮拉开了帷幕。

这种变化从 20 世纪 70 年代正式开始。1976 年，史蒂夫·乔布斯（Steve Jobs）成功组装了世界上第一台个人电脑，并于次年成立了苹果公司，开启了个人电脑时代。20 世纪 80 年代后，IBM 公司大幅提高并改善了个人电脑的性能和业务处理能力。互联网的发展始于 1989 年万维网（WWW）提案的提出，随着该提案被公开，迎来了任何人都可以上网的时代。

另一方面，基础通信设施也得到了明显的改善。随着以往使用的电话线逐渐被光纤替代，通信速度取得了飞跃性的增长。此外，环绕地球轨道运行的通信卫星也极大地提高了信息传输能力。借着技术进步的东风，产业界致力于提高经济效率。特别是在 20 世纪 80

年代，美国在国家的主导下，引领了该领域的发展。例如，美国国防部开发出了使用电算化的后勤系统，大大提高了效率。商业嗅觉灵敏的民间企业家们迅速将这一技术应用在了企业运营上，并在产品规划、生产管理、物流管理等多个领域取得了辉煌的创新成果。

在全面利用电脑和网络的信息化时代，过去由企业采用封闭式方式收集和管理的信息价值持续下降。相反，不同于以往，寻找和获取新信息的费用也持续下降。如今，信息和知识成了个人、企业、国家成长和繁荣的源泉。只要是想获得的信息，都可以轻易找到信息的出处。而且，只要有新的想法，就可以在世界任何地方找到愿意将其商用化的金融机构、生产者和销售处。当然，原创知识和信息会更具有价值。可以说，知识和信息是创造财富的最重要源泉的时代已经到来。

电脑故障
引起的混乱

然而，信息通信技术的发展在带来正面影响的同时，还产生了人们没有预料到的副作用，甚至还引发了严重的灾害。例如，曾让全世界人民陷入不安和恐惧的 Y2K 事件（the Millennium bug），Y2K 中的“Y”代表“year”，“2K”即“2000”，Y2K 指的是电脑会在这一时期发生故障。在当时，有人声称，当时间从 1999 年 12 月 31 日进入 2000 年 1 月 1 日的瞬间，电脑故障将会引发巨大的社会混乱。因此，在 1999 年底，人们陷入高度紧张之中。因为大部分电脑只识别年份的后两位数字，所以系统将无法正常识别由“00”表示的 2000

年，与1900年发生混淆。幸运的是，最后并没有发生人们所担忧的情况，全世界人不禁松了一口气。但是，这一事态让人们认识到了如果社会系统过于依赖电脑，将来可能会面临可怕的灾害。

在通信网络连接企业和个人的社会，通信设施引起的事故会给无数人带来严重的损失。2018年位于首尔的韩国电信公司（KT）阿岘分公司突发火灾，虽然电缆隧道仅被烧毁了79米，但其造成的损失却非常大。随着电话和网络的中断，不仅个人通信受到了严重的影响，很多商人也因结算系统瘫痪而无法接待客人。有些医院因为无法在线处理患者的信息，导致急诊室无法正常接待病人。事后，政府甚至难以确定具体受害人群和受害范围，可见其受害范围之广。在本次事故发生后，韩国民众强烈要求加强通信保护体制，并构筑损失补偿系统。

图3-18　警告Y2K危险的说明资料

©Robert Hunt

大部分系统灾难都是由意外事故导致的。但是，也不乏由特定群体故意而为之的系统性灾害。在信息化时代，黑客攻击会造成严重的灾害。黑客攻击是指偷偷连接他人或特定机关的电脑系统，窃取以及破坏资料的行为。由此造成的损失超乎我们的想象，试想一下，黑客在偷偷进入金融机关电脑系统后，将巨额资金转移到海外秘密账户后潜逃、或是在侵入核电站电脑系统后下达了威胁安全的指令、抑或是黑客远程操纵负责武器装备的电脑，下达攻击命令并造成大量人员伤亡……我们谁也无法保证，未来不会发生这种事态。随着黑客技术的高度发达，一些国家出于安全考虑，培养黑客的行为也不足为奇。

在信息化时代，还出现了网络钓鱼这一新型犯罪。即通过电子邮件或社交媒体冒充发信人，并窃取收信人个人信息的行为。网络钓鱼作为最近最频繁发生的网络犯罪类型，在可以使用网络和智能手机进行金融活动的环境下，极有可能造成巨大的损失。据统计，在 2020 年，全世界约 75% 的机构曾遭遇过网络钓鱼骗局，可见其潜在危险性之高。

如今，勒索软件（ransomware）也成为了威胁人身信息安全的重要因素。勒索软件是赎金（ransom）和软件（software）的合成词。勒索软件是指侵入他人的电脑系统后，锁定系统或对数据进行加密，使其无法使用后，向受害人或机构勒索钱财的恶性程序。如果受害者想要恢复电脑文件，就会受到“交赎金”的威胁。当然，即使受害者支付金钱，也不能天真地期待文件能够恢复，因为加害者完全没有“大发慈悲”地给予受害者这样的保障。最近，勒索软件仍在不断进化，甚至还出现了要求用比特币等加密货币汇款的方式。

将劳动者置于险境的经济构造

到目前为止，我们以系统灾难这一概念为基础，主要探讨了电网和网络等技术系统发生的事故。但是，对于劳动市场的雇用系统与灾害也有密切的联系这一事实，人们尚未形成充分的认识。例如，被雇用为正式职工的系统和根据多种标准区分劳动者，并进行多次转包合同的系统对灾害的含义截然不同。这就是为什么除了技术系统之外，还需要对社会系统进行思考的原因。

工伤不仅仅由工作本身具有的危险性决定。除此以外，所属社会部门不同，对工伤的认知水平不同，对工伤的态度也就不同；应对工伤的财政余力不同，影响工伤的生活习惯也不相同。即使是同一行业的工人，对于技术熟练的工人、相对熟练的工人、不熟练的工人来说，工伤的表现形式在方方面面呈现出巨大的差异。因此，抛开对社会部门这一因素进行的工伤讨论无疑是片面的。

图 3–19　图为德国斯托尔岑巴赫纪念馆为纪念矿工而设的雕塑
©Axel Hindemith

尤其要注意的是，劳动者群体不同，遭受工伤的危险性也大不相同。首先，不同国家的工伤危险度存在差异。在对一些国家的工伤数据进行比较后，我们发现，相比法国，巴基斯坦工厂的工人在作业中因灾害死亡的风险高 8 倍；与丹麦的运输工人相比，肯尼亚的运输工人死亡率要高 10 倍；与瑞士的建筑工人相比，危地马拉的建筑工人因工作而死亡的概率高出 6 倍。也就是说，发达国家和落后国家的工伤频率和程度存在明显的差异。从企业规模来看，规模越大的企业发生灾害的可能性越低。一般来说，与雇用 50 名以下劳动者的企业相比，雇用 200 名以上劳动者的企业发生死亡和重大事故的概率仅为前者的一半。

谈到工伤的发生，除了发达国家与落后国家的差异、企业规模的差异外，一部分群体更容易身处在灾害的环境之中。第一，女性劳动者。虽然存在程度上的差异，但是，为了防止灾害的发生，绝大部分国家更倾向于将社会资源集中投资在以雇用男性为主的职业上。不仅如此，在制定安全标准时，也一直以男性劳动者为参考标准；在制造装备和设施时，也常常以男性劳动者的体型和身材为基准。第二，家庭劳动者。不同于工人们在企业和政府的监督和管控下，能够在一定程度上保障自身的安全，在大部分情况下，从事家庭劳动的人则被排除在安全监督的范围之外。第三，兼职劳动者。与全职劳动者不同的是，兼职劳动者处于一种较为尴尬的位置，即很难要求雇主降低作业中存在的风险。第四，合同劳动者。据悉，合同劳动者主要指的是临时劳动者。在作业过程中，临时劳动者发生事故的概率通常是正式职工的 2 倍。此外，转包劳动者最容易发生工伤。有资料显示，司机属于事故高发职业。在世界范围内发生的车祸事故中，有 15%—20% 属于工伤。然而，引起死亡的车祸事故中相当一部分仅被判定为单纯的交通事故，而非工伤。第五，移居劳动者。据欧洲的相关统计结果显示，移居劳动者发生工伤的概率是本国劳动者的2倍。导致这一现象的原因有很多，其中包括语言障碍、技术不熟练、家庭关系破裂或分居、医疗保障不充分、压力过大和暴力事件等。第六，非正规部门。实际上，政府很难准确地收集该群体的统计数据，检察人员也很难对其工作环境进行监督。第七，童工。虽然很多国家明令禁止儿童劳动，但是世界上还有很多的童工被强制或半强制地从事劳动。此外，高龄劳动者因遭受差别化对待而叫苦不迭的事例也比比皆是。

图3-20 图为用摩托车送包裹的邮递员。近些年来，从事外卖的工人日益增多
©Roadgo

最后，最近还出现了平台劳动者这一新的灾害群体。例如，代驾、代理送货、优步出租车（Uber）等。由于平台劳动者常常作为个体户进行劳动，并不是从属于使用者。因此，很难要求改善自身待遇。迄今为止，仍有许多群体市场面临着发生工伤的危险。但遗憾的是，在一些国家发生工伤的规模正呈现出逐渐扩大的趋势。

令人们束手无策的“危险的转包化”

并不是所有劳动者都面临着同等程度的工伤危险。正如前文所提到的那样，正式职工、男性劳动者、工会工人、全职劳动者、承包企业劳动者、本国劳动者等群体的劳动条件比非正式职工、女性劳动者、家庭劳动者、兼职劳动者、转包企业劳动者和移居工人等的劳动条件要好得多。特别是在为减少人工费而制定的多阶段式转包结构中，劳动者更容易遭受灾害带来的危险。他们不仅难以通过法律保护自身权益，还不得不承受长时间、低工资且危险性高的工作。而且，他们很难向上级要求改善作业环境中存在的安全隐患。此外，不能正常接受安全教育、发生灾害时得不到社会安全系统救助的事例也比比皆是。

据最近的调查显示，以 2017 年 8 月为基准，韩国共有 19 882 769 万名带薪劳动者，其中有 3 465 239 万名属于间接雇用劳动者。间接雇用是指企业（即承包企业）不直接雇用劳动者，而是利用第三方（即转包企业）雇用的劳动者雇用形态。通常劳务、派遣、公司内部转包、转包等多种雇用形态都属于这一类。由于目前对间接雇用的界定标准较为模糊，所以实际上的间接雇用劳动者比重会比上面的推算值更高。事实上，虽然像间接雇用劳动者一样在工作，但没有被统计在劳动者统计数据中的非正式劳动者的规模也相当大。

正因“危险的转包化”的存在，即使反复发生灾害，社会也没有对此进行过多的关注，积极寻找解决方案。这是因为长时间以来，雇佣者默认间接雇用劳动者发生的灾害不属于承包企业应承担的责任。

2018 年 12 月，在韩国忠南泰安火力发电厂合作企业工作的名叫金龙均（音译）的青年劳动者因事故失去了生命。金龙均曾是一名非正式职工，照例在晚间检查运输设备时被机器夹住，酿成了这一惨案。以金龙均的悲剧性死亡为契机，非正式职工的恶劣劳动条件成了舆论的焦点。当时调查事件的报告书中提到，承包企业将危险性高且有害的工作交给得不到法律和制度保护的转包企业的劳动者是引起这一悲剧的重要原因。

转包化，即通过转包合同，承包企业从中获取利益。承包企业将工作中危险性高且有害的部分分离出来，交给转包企业。这样一来，首先承包企业可以节省对劳动者进行安全教育所需的费用、为了防止事故发生所购入的设备费用、严格遵守工作守则所需的费用等。此外，在进行转包后，由于很少有灾害被报道出来，因此，承包企业可以减免工伤保险所需的费用。

为了防止危险的转包化进一步发生，在韩国被称为“金龙均法”的《产业安全保健法修订案》于2020年生效。该法案的核心内容为：原则上禁止危险和有害工作的转包，强化对承包公司的工伤预防措施义务。如果违反安全措施，将加大对转包企业和承包企业的处罚力度。此外，之前不属于工伤保护对象范围的劳动者也将纳入到法律保护范围之内。为了保证该法案的可持续性并进一步减少工伤的发生，韩国政府和民众应持续关注该法案在劳动现场所具有的实际效应。

目前，韩国对于引起灾害和预防措施不充分等违规行为的处罚力度较轻。为了防止灾害，在开展预防灾害教育和安装安全装置等方面必然需要投入费用。然而，对于追求利润最大化的企业来说，如果不加以义务性限制，就会因为金钱诱惑而疏忽对预防灾害的投入。因此，为减轻灾害损失，切实追究灾害责任，建立惩罚性的处罚制度和广泛的损害赔偿制度是至关重要的。

最终，经国会批准后，韩国于2021年出台了《重大灾害处罚法》，该法律反映了上文中存在的灾害现象。而一直对灾害的防治表现出浓厚兴趣的韩国小说家金薰对此进行的分析可谓是意味深长。他说道，大企业对灾害负责的恐惧一直是韩国社会的“本土疾病”。

在韩国，大企业“养活”国民和国家的这一“慈悲”说法常常左右着立法的过程。“养活”这一说法并不是说明利润和工资关系的经济理论，而是整个时代的支配性意识形态，并凌驾于资本和劳动的关系之上。（省略）这是多数人所信奉的迷信。因谋生而丧命或变成残疾人的惨剧令人惋惜不已，而许多为了减少这种悲剧发生的努力却在这种“迷信”面前碰了一鼻子灰。而每当努力碰壁时，迷信的地位就会更加牢固。

制度和意识紧密相连。如果解决某个问题的意识不断扩散并趋于成熟，那么在现实世界中就会产生将其制度化的力量。但是，从辩证的角度来看，有了制度，人们就会相应地在各自心中形成新的标准。如果这种标准得到广泛传播，整个社会的意识形态就会发生改变。那么诸如“大众的关心还不够”“人们还没有充分地了解问题所在”“从经济和现实的角度考虑，负面影响占据了绝对的地位”等理由将难以再站住脚。

在全球化时代扩散的灾害

从20世纪中期正式开始的全球化极大地改变了交易方式。得益于交通和通信的发展，国际运输成本大幅降低，关税等国家间的制度壁垒空前降低。在这种新环境下，以往生产特色化、成品出口等传统经济框架渐渐不再适用。生产过程被分为多个阶段，各国根据生产阶段所具有的细微优势，细分各阶段所承担的职责。这就是如今在世界范围内所确立的“产业分工”。

下面，我将以现代经济中心产业之一的半导体行业为例进行说明。埋藏在美国阿巴拉契亚山脉一带的沙子开启了世界性生产的连锁效应。阿巴拉契亚山脉地区的沙子里含有大量优质的二氧化硅。瞄准商机的日本越过遥远的太平洋，进口该沙子后并对其进行加工，制造成标准尺寸的薄晶片。之后，晶片再出口到韩国和中国台湾地区，利用荷兰企业的专利技术刻上电路图。在该模式中，由英国和日本企业决定芯片设计，并经过分工完成芯片的整体加工。现在，该芯片被转移到中国、越南等地，在各种基板上定位，并相互连接。经过一系列测试，工程结束后，这些产品将再次运往德国、韩国、墨西哥等地，被用作许多计算机和工业机械的零件。

以上所说明的国际分工体制只是对实际情况进行了简单的概括。在更加细分的分工中，许多国家为增加本国企业的生产份额、开发和引进新的技术和材料而展开角逐，竞争异常激烈。在这种竞争体制下，最终决定企业竞争力的因素是价格。因此，在面对如此激烈的竞争下，一些企业很难对劳动者的工作条件或就他们所使用的化学物质的安全性制定充分的对策。企业为了节约费用，还会重新进行转包和二次转包。

以上就是全球化时代下向全世界扩散灾害的过程。发达国家的企业以顶尖的知识和原创技术为基础，只负责附加价值最高阶段的工作。其余的生产、加工过程的分配则由各国个别企业所具有的竞争力决定。越是技术能力不足的国家和企业，为了维持竞争力，只能让劳动者承担过度的疲劳和危险。即劳动者不得不在恶劣的环境中长时间劳动，使用安全性得不到保障的物资。由于预防事故和职业病所需的技术性对策、医疗和社会保险等保护性设施都会产生费用，因此发达国家更倾向于将风险转嫁给落后国家中条件恶劣的小企业。于是，灾害的危险就这样越过国境，一望无际地传播开来。可以说，“危险的转包化”正在向世界扩张。

超连接性社会发生的系统性灾难

“第四次工业革命”是韩国当下最火热的话题。虽然在第四次工业革命浪潮下出现了许多热门的产业，但其中最具代表性的当数物联网和无人驾驶汽车。物联网技术是将现实中存在的有形及无形的事物通过传感器和通信网连接起来，并实时交换数据。并且，对连接对象几乎没有限制。可以说，我们的吃、睡、穿、用所需的一切事物都与彼此或各自分工的部门有联系。

自动驾驶汽车亦是如此。到目前为止，行驶的汽车与外部的联系非常简单。到了无人驾驶汽车的时代，情况则大不相同。个别汽车不仅要接收交通信号，还要持续从外部接收其他汽车的位置、道路情况、局部气候条件等信息，并将自己的信息共享。如今，人类正迎来史无前例地强化事物间连接性的时代，即超连接性的时代。不仅如此，在这一时代，社会还将结合人工智能等要素发展。过去由人类主导控制的物理、社会秩序相互紧密连接，并通过可以自行改善的复杂网络进行调整。这是一个新时代，而我们就站在这个时代的起始点。

从微观和短期的角度来看，相比于过去，超连接性社会下发生事故的可能性将会降低。例如，如果厨房发生天然气泄漏，报警器在感知到这一点后，就会切断煤气泄漏源，并净化室内空气；如果前面行驶的汽车紧急停车，系统在瞬间察觉到后就会自动紧急停车；如果今晚有暴雨，天气预报就会提前通知人们，并提前采取预防措施，防止水灾的发生。甚至，家里的多功能聊天机器人还具有检查人的健康状况，减少危险的发生。而这些将在超连接性社会中成为日常生活的一部分。如果再加上人工智能技术，系统的控制能力将倍增。此外，如果具备自学功能的智能化机器通过连接网络进一步接收相关信息，防灾能力还将进一步提高。因此，一部分对技术持乐观态度的人主张，在进入超连接性社会开始，人类将进入免受所有灾难影响的安全社会。

但是，未来果真如人们料想的这般美好吗？如果社会发展为超连接性社会，大多数人将被排除在系统之外。譬如针对“现在情况如何”“这个灾难的危险性有多大”等疑问，人们只是依靠系统传达的信息来形成认知而已。一个系统会与其他系统相互作用，并在特定的条件下寻找最佳方案。但是，值得深思的是，在制定这一方案时会以人的安全为先吗？选择将经济费用降到最低的方案、以不违反法律为目的、优先反映某一特定集团的利害关系等潜在的危险总是隐藏在方案中。而这些目的从本质上来说是容易相互冲突的存在，因此必须事先在系统中明确优先对象和相对重要程度，而不能让系统自己做出决定。即使日后我们的社会发展为超连接性社会，最终的价值判断的决定权也只能由人类来决定。最终，人类应和系统完成各自的业务分工，即核心选择由人类做出，系统发挥符合现实情况的作用。

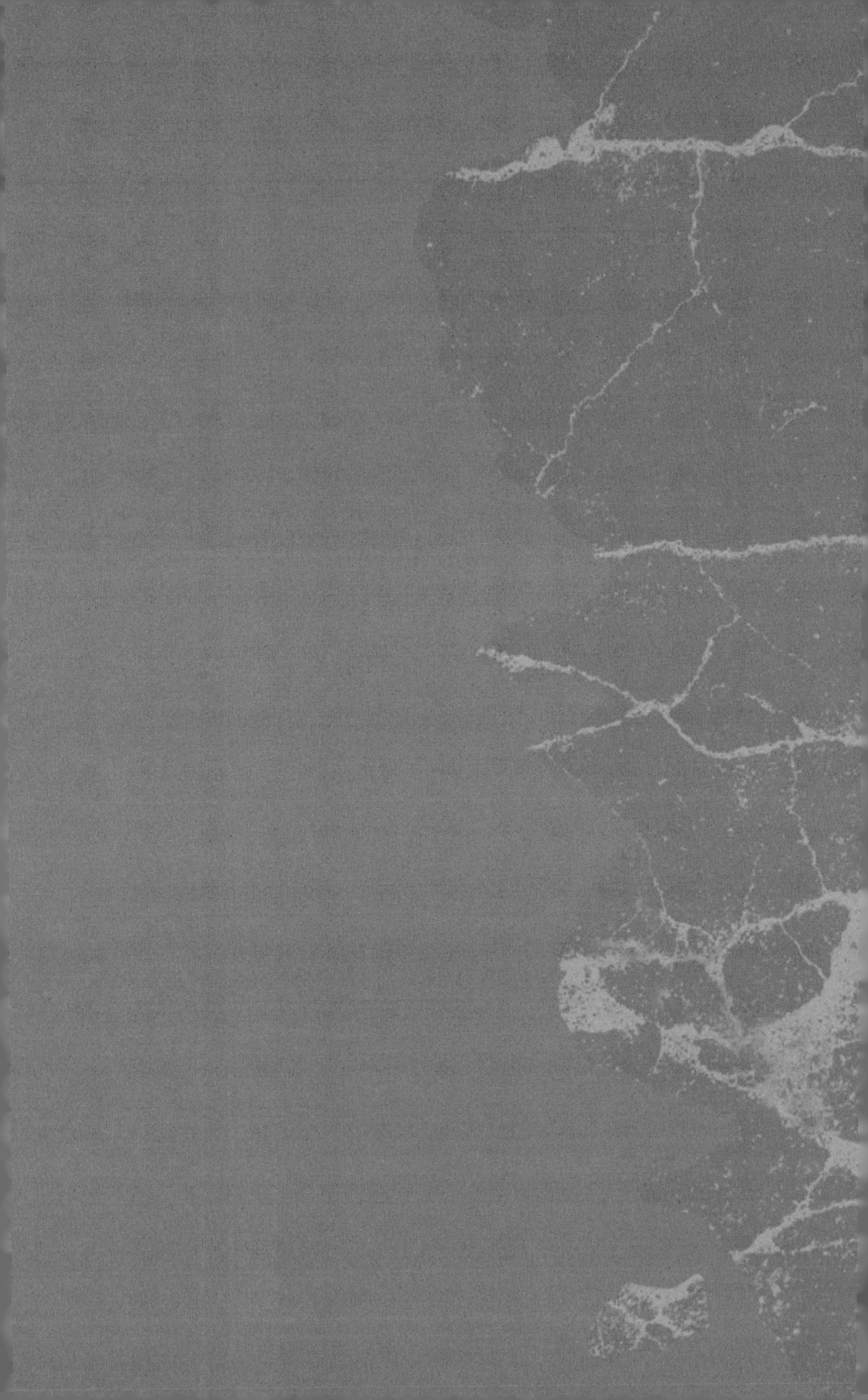

14

站在新十字路口的全球化：新型冠状病毒感染

我想强调的是，

我们已经进入历史的虫洞。

正常运转的历史法则被打破，

短短几周内，

不可能的事情已经变成了常态。

——

尤瓦尔·赫拉利（Yuval Harari）

◆

◆

来势汹汹的新型冠状病毒感染

2019 年 12 月 30 日，在中国湖北省武汉市，一位名叫李文亮的医生在社交平台上向外界发出防护预警，声称 2013 年曾一度令人胆寒的 SARS 病毒（严重急性呼吸系统综合征）疑似卷土重来，医院诊断出 7 名患有 SARS 病毒类似症状的不明肺炎患者。后来，这种新型病毒导致的肺炎被命名为新型冠状病毒感染（COVID-19）。

截至 2022 年 1 月 9 日，短短两年之间，新型冠状病毒感染累计确诊病例达到 3 052 亿例。专家表示，部分国家存在着病例诊断与感染者人数统计能力不足的情况，如果将这些感染者与无症状感染者全部统计在内，累计感染人数将至少超过 4 亿。据报道，在各国新型冠状病毒感染累计确诊病例中，美国确诊病例为 5 977 万例全球居首，印度、巴西、英国、法国、俄罗斯紧随其后，确诊病例均超过了 1 000 万例。全球新型冠状病毒感染死亡人数更是高达 548 万人。在来势汹汹的新型冠状病毒面前，人类难以独善其身。

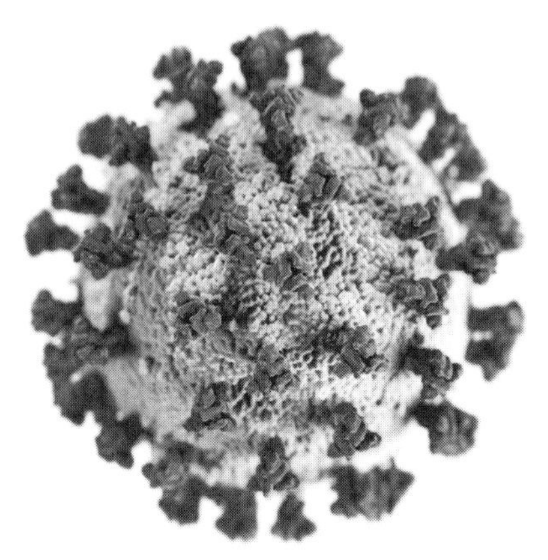

图 3–21　新型冠状病毒立体模型
图片出处：美国疾病控制与预防中心（CDC）

南美洲和东欧感染新型冠状病毒的死亡率非常高，北美洲和部分西欧国家也处于较高的水平。亚洲和非洲感染新型冠状病毒的死亡率较低，由此可见，亚洲和非洲的一些国家在疫情面前，积极进行防控，降低了死亡率，但是，也不排除部分国家存在病例统计缺漏的可能。不过，值得我们思考的是，为何医疗发达、公共卫生体系完备、个人收入高的国家在此次疫情中的死亡率反而高居不下？究竟要具备怎样的技术、制度、习惯以及社会意识，才能让一个国家在防疫过程中显得更加从容？

韩国也未能在这场疫情中幸免于难。得益于世界范围内有效的防控体系以及本国公民的配合，与其他国家相比，韩国有效地控制住了疫情在其国内的蔓延。截至 2022 年 1 月 7 日，韩国累计确诊病例约 66 万例，死亡人数约为 6 000 人。

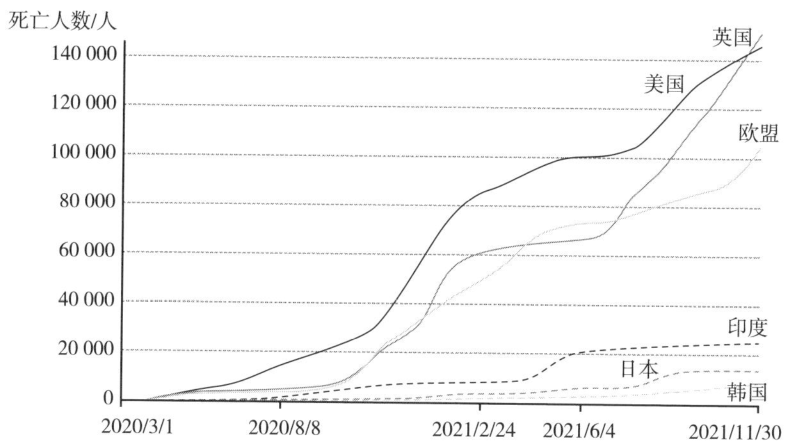

图 3-22　因新型冠状病毒感染的死亡人数趋势

资料来源：Johns Hopkins University CSSE COVID-19 Data

在新型冠状病毒面前各国政府的对策

在无比猖獗的新型冠状病毒面前，国家层面的应对策略成为了全世界人关注的焦点。首先，多数国家表现出了无论以何种方式都要介入防疫的强烈意志。对于“如果控制人们的移动路线，发现确诊患者后采取隔离措施，就能降低传染病的扩散速度”的这一事实，大多数人持肯定意见。

图 3-23 直观地说明了政府介入的效果。如果没有政府的介入，新型冠状病毒将迅速扩散，并在短期内达到顶点。在这种情况下，确诊病例将呈几何级数增加，由于医院和医疗团队无法正常管理患者导致的医疗崩溃将在现实中上演。而医疗崩溃一旦发生，不仅是新型冠状病毒感染患者，其他患者也将无法得到正常的医疗服务，

造成死亡人数的大幅增加。相反，如果政府适当的介入，那么确诊病例的增加趋势将明显下降，感染人数达到顶峰的时间也将延后。此外，即使感染人数到达了顶点，也不会出现爆发性增加的现象，由此可以避免医疗崩溃的发生。与政府没有介入的情况相比，人员伤亡将明显减少。

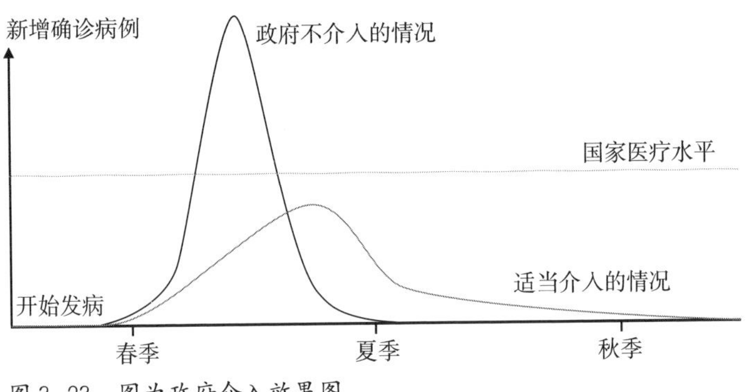

图 3-23　图为政府介入效果图

因此，从医学层面来说，政府的介入是有利的。问题是，除了医学层面，我们还需要考虑其他因素。其中，最热门的话题当属政府的介入会阻碍经济活动的发展。如果政府对经济活动施以强力的制约，停业和破产现象就会增加，生产和消费行为也会萎缩，而这再次导致投资的减少。最终，就会出现经济增长率下降，人们因失业率和低收入而饱受痛苦的局面。而这是政府最不愿意见到的情况。因此，政府不能轻易采取以防疫为首要课题，转而牺牲经济的政策。

更复杂的是，政府选择短期防疫或是长期防疫后，和经济的相互关系也会发生变化。如果政府采取的是短期防疫政策，正如前文所提到的那样，防疫的增加会导致经济后退。但是，从长期来看，防疫措施的增加可能会促进经济的恢复，从而拉动经济的增长。于是，应该以长期防疫为主制定政策的立场和为了解决燃眉之急，应该优先考虑短期防疫的立场发生了冲突。

此外，各国社会环境的差异也起到了重要作用。有的国家认为，享受个人自由是至高无上的价值。相反，也有的国家认为，为了国家的整体利益，牺牲个人价值是正确的。世界上的大部分国家都处于两极的中间位置。各国在这一理念范围内所处的位置不同，政府介入与否与介入强度必然会有所不同。在任何国家，都不存在能够“恰如其分”介入其中的政府。

实际上，各国应对新型冠状病毒感染的方式存在很大偏差。下面，让我们通过代表性的事例来简要地了解一下。首先，中国由国家主导，以最积极的方式进行了防疫。封锁发现多例感染不明原因肺炎患者的武汉市就是典型的事例。韩国、新加坡、中国台湾地区等国家和地区采取的防疫强度虽然不及中国大陆地区，但也选择了积极地介入，并采用多种行政、技术手段，追踪传染病的扩散途径，采取在空间上隔离确诊患者的措施。此外，这些国家和地区还通过媒体大幅宣传了防疫措施和预防活动的重要性。

图 3-24　图为上海的部分地区被封控后进行防疫工作的场景，2021 年

此外，不少国家表现出了更加消极的防疫态度。美国、英国、意大利、西班牙等国家在病毒加速扩散之前，政府介入的作用一直未能得到发挥。还有一些国家的政府对防疫举棋不定。最具代表性当属瑞典的群体免疫政策，对于个人活动，政府并没有施加特别的限制。显而易见的是，这项政策并没有达到预期的效果。

贫穷国家应对新型冠状病毒的力量最为薄弱。非洲、亚洲和南美洲的许多国家不仅不具备有效应对传染病的行政体系，而且医疗技术落后，财政能力也相对不足。对于这些国家来说，最好防疫手段就是封锁国境，阻止人员移动。

东西方国家的感染率出现差异的原因

如果从世界的角度看待新冠疫情，就会发现东西方的感染率存在很大差异。这里所说的东方，更确切地说是指东亚的部分国家和地区，包括中国、韩国和日本等。而西方则指欧洲和美洲。那么，为什么会存在这种差异呢?

对于这个问题，至今为止人们提出了多种解释。首先，有人认为口罩供应是导致这种差异发生的原因之一。中国、韩国等国家和地区从很早开始，大多数国民都能买到口罩。相反，有人指出，由于一些西方国家不具备口罩生产基础，导致了口罩供应的严重不足。但是，如今来看，这一主张似乎有失妥当。在口罩供应没有出现明显差异的现在，东西方国家感染人数的两极化趋势仍在继续。相反，比起口罩供应这一因素，西方人对戴口罩持有的否定态度似乎更有说服力。此外，理应带头防疫的西方国家领导人对口罩使用持消极态度的事例也并不少见，这也与东西方国家的新冠疫情感染率出现较大差异不无关系。

也有人主张，由于部分东方国家饱受可吸入颗粒物和细颗粒物的污染，国民已经习惯了佩戴口罩，因此表现出了与西方国家不同的面貌。此外，有资料显示，韩国在经历 MERS 后，国民口罩使用量大幅增加。然而，由于西方人具有在危机状况下也拒绝佩戴口罩的这一文化特性，因此，即使有充足的科学证据证明口罩对防止病毒感染有卓越效果后，西方人也仍然对佩戴口罩持有漠然态度。

与东西方防疫两极化相关的第二个问题是，人们能否用大众的价值观来解释为何人们对防疫措施的协助程度上会出现差异。即西方的个人主义和东方的儒教主义是造成新冠疫情两极化的原因。西方学者和媒体主张，由于东亚国家的儒教氛围十分浓厚，因此人们

图 3-25　图片摄于 2021 年的韩国济州岛
海边的景点——渔夫铜像也全部戴上了口罩，提高了游客的警觉性

具有很强的顺应国家政策的倾向。也就是说，东亚各国的国民并不是从自发、能动的角度出发，而是顺从国家的决定，做出不失自身及家人的体面行动而已。相反，在崇尚个人主义为基本价值的西方，个人以主体的角度进行思考判断，并决定防疫的态度。可以说，在提出这种主张的论客的脑海中，潜意识认为西方的个人主义比东方的儒教主义更加优越。

对于这样的主张，东亚国家的知识分子们进行了批判。他们认为，“东亚人无条件接受国家政策”的想法不过是部分西方学者和媒体的偏见而已。尊重自己所属共同体的决定，并为之付诸行动才是市民意识的体现。也就是说，如果我的行为存在着伤害他人的可能性，那么我会克制这种行为，而这是自主判断的结果。即：将“不愿意给别人添麻烦”视为“维持体面”的想法是不合理的。相反，这是一种为了共同利益，限制并牺牲个人的利益的积极意志。

第三个被讨论的问题是，造成东西方感染率差距的核心因素不是文化因素，而是行政能力和意志的差异。东西方国家在应对新型冠状病毒的方式上存在很大差异。中国政府采取了直接、强制性的应对措施，并动员了军队和警察等公共权力，采用无人机掌握人们的移动路线，并对感染者进行隔离。仅从防疫的有效性来看，中国式行政体制的确取得了很大的效果。

东亚的其他国家虽然在防疫力度上不如中国，但比起西方还是选择了更强的介入力度。从东亚国家的防疫特点来看，各国在追踪活动轨迹和隔离被感染患者方面下了不小的功夫。除了确诊患者以外，东亚各国对密切接触者的移动路线也进行了追踪调查。如果认为存在安全隐患，就采取隔离的措施。例如，韩国通过监控录像、移动通信信号、手机应用程序、金融交易网等手段对确诊患者和密切接触者进行了追踪，搭建隔离场所并准备了可用于追踪定位的系统，取得了显著的成果。只要是国民们去过的场所，都会以二维码和访问者名单的形式留下记录。

图 3-26 2020 年，在加拿大温哥华街头，示威队伍正在对政府限制出行的决定进行抗议

©GoToVan

图 3-27 德国施派尔市被封锁后，2020 年

资料出处：Kmtextor

部分西方国家认识到这种行政介入手段所具有的防疫效果后，也引进了这种防疫体制。但是因为各种因素的干扰，最终没能达到东亚国家的效果。主要因素有：大众对隐私权侵犯的担心、政治领导人的消极态度和技术基础设施的不完善等。而西方国家之所以未能取得满意的效果是因为，如果不具备统一的行政管理和自动化安保系统，就无法在现实生活中将政策落到实处。相反，东亚国家在数字政府评价中排名靠前的事实与防疫效果显著不无关系。

此后，东西方的感染率的差异仍在持续。在东亚，感染人数大体上呈稳定的趋势，而在欧洲和美洲，则多次出现大规模感染暴发的情况。甚至部分历史学家认为，在过去 300 年间，西方国家曾长期享受着优势地位，而新冠疫情的暴发则终结了这一历史局面。也就是说，在新型冠状病毒不断猖獗的世界性危机面前，如果东方表现出明显具备优于西方的应对能力，那么西方中心主义世界观必然会受到巨大的打击。耐人寻味的是，未来的历史学家究竟会如何记录这一事件呢？

为什么非洲的疫苗接种率如此之低？

到目前为止，我们主要探讨了新型冠状病毒在西欧和亚洲地区的猖獗。但是，人们似乎忽略了一个事实，即非洲是防疫条件最为脆弱却受世界关注最少的地区。2021 年底，随着名为奥密克戎的变种首次在南非检测到的报道出现，媒体开始大规模关注这片似乎被遗忘的大地，人们纷纷指责，为什么非洲国家要眼睁睁地看着感染人数持续增加，却不管不顾，最终导致变种出现。然而，这种指责是否有失妥当呢？从南非的立场来看，似乎有些委屈。

由于整个非洲的疫苗接种率非常低，所以在感染人数多却不及时控制的环境中，病毒确实很容易发生变异。

疫苗接种率低，第一个理由是因为国民收入低，未能在短时间内引进足量的疫苗。因此，并非是非洲国家不想购买疫苗，而是因为不具备购买的经济能力。

第二个理由更为残忍，即源于非洲人对疫苗的不信任感，而这与过去西方国家和制药公司的所作所为有很深的关系。西欧人曾将非洲人当作进行活体实验的对象，而这一惨无人道的折磨长达 100 年。例如，在 20 世纪初，德国曾故意向纳米比亚人体内注射天花、结核、伤寒，并观察其的反应。此外，20 世纪后期，制药公司还进行了泯灭人性的临床试验。制药公司在没有征得父母同意的情况下，竟擅自将孩子们作为临床实验的对象。不仅如此，在艾滋病大规模流行时，制药公司曾向患者们索要高昂的医药费，导致死亡人数不断增加。这些不堪回首的痛苦过往令非洲国家人民的心灵变得千疮百孔。在今天，许多人相信仍有很多非洲人被西欧用作进行临床试验的对象。

从这些历史经验来看，我们很难一味地只批评非洲人的疫苗接种率为何如此之低。病毒虽然会无差别地攻击人类，但实际上，没有防御网的人更容易受到攻击。“遭受贫困和压迫的牺牲者拥有充分的选择权”的这一想法不仅并不现实，并且对解决问题毫无帮助。

寻找替罪羊！

当传染病横行、饥荒成灾、地震来临时，人们便会被笼罩在恐惧之中。这些灾害往往会使得自身所属的共同体遭到巨大的打击，甚至面临存亡的危机。于是，焦虑不安的共同体成员们便会试图创造出一个共同体防御机制，并使其运作起来应对灾难。在这种防御机制下，“替罪羊”多次登上历史的舞台。所谓替罪羊是指替他人担受罪过，并最终为人所唾弃的角色。

纵观历史，我们会发现许多灾难来临时“替罪羊”被牺牲的案例。例如：在中世纪时期，在欧洲大为猖獗的黑死病曾导致犹太人被大规模屠杀；在小冰河时期，女巫审判事件令成千上万的生命被无辜残害。此外，虽然本书未曾详细提及，但是，在 1923 年，日本发生关东大地震时，日本当局曾有意散布朝鲜人和社会主义者“在井里投毒”“谋划暴动”等谣言，企图将朝鲜人和社会主义者当作平息灾难的替罪羊。此次惨案中，仅被残害的朝鲜人就达 6 000 余人。

通过新型冠状病毒感染的大规模流行，我们可以窥见，寻找替罪羊这一历史行为再次上演，并带来巨大的弊端。没来由地对亚洲人进行言语和身体攻击的事件屡屡发生。为了反抗这种差别对待和歧视行为，众多群体展开了一系列运动。例如：亚裔、亚洲人等群体就曾在社交媒体上发起过名为“# 我不是病毒”的运动，力求世界能对亚裔、亚洲人抱以宽容的态度。

新冠疫情时代下的替罪羊——确诊者。在传染病“大行其道”的时代，确诊者在成为受害者的同时，也成了具有传染可能性的加害者。因此，确诊者极有可能遭受冷眼与驱逐。问题是，即使确诊者认真接受隔离与治疗，事情也不会就此平息。许多痊愈者就曾因为受到所属公司、学校、社区等共同体的默许排挤而叫苦不迭。甚至确诊者的家属也会同确诊者一样，被人疏远。这种现象在日本屡见不鲜，甚至已经升级为社会性问题。但是，这种现象并不是仅存在于日本社会中。在包括韩国在内的诸多国家中，都曾发生过类似的现象，并且将来也会持续发生。

然而，这种寻找替罪羊的行为于防疫无益。这是因为，确诊者担心自身会成为被排挤、疏远的对象，从而就会做出瞒报的行为。寻找替罪羊的行为本质上是处于社会中心地位的大多数对边缘人群的驱逐。表面上，他们高扬“保护多数人的利益”的旗帜，实际上，却差别对待非共同体内部人员，肆意地对其进行打压。为了阻止这种行为，大众媒体的责任显得格外重大。媒体应承担起批判“寻找替罪羊”行为的责任，并正确引导社会舆论导向。但是，现实生活中也不乏一些使用刺激性字眼与夸张性表达来哗众取宠的媒体。在当今时代，无论是哪个国家成为检验媒体报道真实性的替罪羊，都是令人遗憾的。

逃离虚假信息陷阱

为什么明明制定了许多预防传染病的对策，效果却不尽如人意呢？其中，人们对疫苗持有的否定态度便是原因之一。在前文我们已经探讨过在过去人们曾对麻疹疫苗充满反感，直到今天人们仍持有抵触情绪。在新型冠状病毒感染肆虐的2020年秋天，韩国民众对流感的不安感扩散，也体现了韩国群众对疫苗的不信任。当时有媒体报道，在接种流感疫苗不久后出现了多起死亡案例。每天被通报的死亡人数不断增加，导致公众对疫苗安全性的不信任感进一步加深。但值得深思的是，相继出现的死亡现象是由疫苗接种引起的，还是由基础疾病或老年病等其他因素引起的呢。回过头来看，其他因素才是导致这一悲剧的主要原因。只是，死亡时间恰巧与接种疫苗的时间出现了重叠。这充分说明了没有明确根据的媒体报道和大众的盲目怀疑很可能成为危害公共健康的拦路虎。

在新冠疫情流行期间，这一事态以更加频繁、更加多样的形式发生在人们身边。在韩国，不少人沉迷于采用毫无根据的民间疗法对抗病毒的传播。例如，用盐水漱口、摄取大蒜和辛奇、用香油漱口、摄取辣椒根、在鼻子下面涂抹薄荷味乳液等。甚至还出现了新型冠状病毒是随着 5G 通信网络的普及而扩散开来的荒谬言论，如果接种疫苗，就会被植入微型芯片，并借此控制人类等荒唐主张。此外，不少宗教甚至主张信仰的力量可以阻止疾病的传播。

很多国家的政治领导人的发言也助长了虚假新闻和非科学性传闻的传播。为了政治利益，歪曲新冠疫情的严重性，理应受到人们的批判。在新冠疫情疯狂蔓延的情况下，数不清的虚假信息也像传染病一样扩散，人们还发明了信息流行病（Infodemic）一词用来讽刺这种现象。Infodemic 是信息（information）和大流行（pandemic）的合成词。

在大众因传染病的猖獗而惴惴不安时，缺乏根据的虚假新闻和信息极有可能进一步激化这种不安心理。实际上，病毒对人类宗教和政治立场“毫无兴趣”。对于病毒来说，人类仅仅是自身生存和繁殖的宿主而已。因此，我们应该放弃非科学性的想象和感情移入，以客观的证据和知识为基础应对大规模传染病。

那么，如果更正确的信息广泛扩散的话，虚假新闻和信息流行病问题能否迎刃而解呢？遗憾的是，这并不容易实现。虽然人们接触到的硬件大同小异，但在软件方面却并非如此。根据使用的社交软件和交往对象的不同，接触到的信息也就大不相同。搜索引擎也是如此，根据我们对哪种主题高度关注、长时间阅读什么内容、通过什么推荐渠道对内容做出反应、甚至生活在什么地区、经常与什么样的人沟通等不同，我们得到了与别人不同的搜索结果。在此过程中，同类之间的证明偏差现象在我们没有意识到的情况下进一步增强。在人工智能和算法的引领下，我们的取向和喜好会逐渐成型并不断变化。如今，我们已经生活在所谓的“监视资本主义”之中。因此，很难保证正确的信息能够畅通无阻地来到我们面前。

对公共医疗体系的期待

在前文中，我们通过图表观察了国家有无积极介入防疫对感染人数的影响。但是，目前对于公共医疗体系的作用这一因素对防疫效果的影响，尚未进行充分的讨论。

对于医疗服务是由民间负责还是国家负责，各国的实际情况不尽相同。在大部分国家，虽然由两个主体分担医疗服务，但相对比重存在着很大差异。例如，在健康保险体系尚未实现全覆盖的美国，民间负责的比重相当高。相反，在福利理念较强的北欧国家，国家负责的比重较高。而韩国则位于两极的中间位置。大体上来看，在社会和经济层面认可国家作用的国家医疗状况与北欧国家相似。相反，强调市场活动的国家则更接近美国的医疗面貌。

尽管在医疗服务层面上存在多样性，但这些国家之间大多存在这样一种明显的变化。即自 20 世纪 80 年代以来，随着新自由主义的浪潮高涨，在医疗服务方面，大多数国家的公共医疗比重呈现出下降趋势。不仅是强调市场活动的社会氛围浓郁的国家，就连声称要提供“从摇篮到坟墓”福利的北欧国家，还有被评价为医疗服务质量总体良好的西欧国家也都在减少公共医疗的政府支出。由于长期以来没有发生大规模传染病等重大灾难，人们认为由民间企业来主要运营医疗体系更加经济合理。但是，突然暴发并迅速传播的新型冠状病毒感染令这些国家措手不及，无法满足迅速增加的医疗服务需求的情况层出不穷。在一些国家，医疗崩溃不断上演。但即便如此，在一夜之间改变国家的医疗体系并不现实。

图 3-28　图为感染新型冠状病毒逝世后患者的下葬场景，发生于 2020 年的乌克兰

©Mstyslav Chernov

多数专家强调，现在必须重新调整国家的医疗体系，特别是要提高公共医疗的比重。为了能够应对大规模传染病暴发等紧急情况，国家应具备充足的医疗应对能力。即通过国家管理，推迟感染发生时间，防止大规模感染现象暴发，与此同时，还应扩充公共医疗系统，提高社会医疗能力。

如果适当提高公共医疗能力，不仅可以防止医疗崩溃现象的发生，还可以大大减少那些“即使患上传染病，也无法得到及时的治疗和保护”的悲剧。这意味着医疗部门将发生重大变化，向往“小政府”的新自由主义秩序后退，强调“大政府”必要性的福利国家体制回归。不妨大胆地猜测，新型冠状病毒感染将对社会构成和运营秩序带来怎样重大的变化。

从全球化到去全球化

新型冠状病毒感染之所以在人类史上占据如此重要的位置，不仅仅是因为新冠疫情改变了个别国家以往的运行法则，更加重要的是，世界秩序的方向还因此被改写。此前“高歌猛进”的全球化趋势因为新冠疫情的大规模流行，继而转向本国优先主义道路的主张被越来越多的人赞同。

那么，今天的全球化究竟是如何形成的？又因哪些因素而停滞不前呢？站在这样的历史十字路口，新型冠状病毒是否成为了让世界秩序走向去全球化道路的决定性因素？为了解决这些疑问，让我们来回顾一下过去 30 多年的世界秩序吧。

在20世纪90年代，全球化浪潮再次席卷而来。这是继19世纪后半期之后，掀起的第二次全球化浪潮。在当时，全球化之所以能够成为历史大趋势，有以下几个因素。

首先，政治理念的分裂走向了终结。1989年柏林墙的倒塌象征着贯穿整个20世纪的巨大历史实验——社会主义革命和随后形成的冷战体制的终结。换句话说，柏林墙的倒塌意味着世界性的理念壁垒的倒塌。实际上，在柏林墙倒塌后不久，苏联发生了解体，所属苏联的东欧和中亚许多国家分裂出来，并依次成了资本主义国家。

其次，新自由主义思潮的扩散。20世纪80年代以后，在美国总统罗纳德·里根（Ronald Reagan）和英国首相玛格丽特·撒切尔（Margaret Thatcher）的主导下，市场主义经济政策逐渐成了主流。即尽量减少国家的介入，废除政府限制，削弱福利国家体制。此外，还应增加劳动市场的灵活性，使雇用和解雇更加自由化、开放资本市场，促进国际资本的移动、开放商品市场门户，实现自由贸易。一言以蔽之，即减少国家的重要性，通过建立相关制度弱化国境壁垒。

最后，信息通信技术的发展也在促进全球化的过程中发挥了巨大的作用。互联网的普及、通信技术的发展、便携式电子设备的发展等史无前例地提高了知识和信息的传播速度，促进了人们的沟通。此外，获得知识和信息的费用也急剧减少。也就是说，随着技术壁垒的降低，交流和沟通变得更加容易。

图 3-29　主张新自由主义的里根总统和撒切尔夫人

这些因素的相互作用引领了全球化的全盛时代。在很长一段时间内，这种全球化的潮流势不可挡，并持续加强。但是，并不是所有人都对这种全球化持肯定态度。不少国家、集体、个人被全球化潮流所左右，韩国也是如此。例如，在所谓决定国际贸易秩序的乌拉圭回合（Uruguay Round）中，很多人对市场开放的水平和速度表示担忧。此外，为了克服外汇危机，从国际货币基金组织（IMF）得到补助金，很多人迫不得已地接受了新自由主义规则。

图 3-30　图为纽约世界贸易中心因 9·11 恐怖分子袭击发生了倒塌，消防员正站在废墟前做出手势

在遥远的太平洋彼岸，一场恐怖事件反映了世界上部分国家对全球化趋势的反对。2001 年，原本伫立在美国的纽约世贸双子大厦却被熊熊燃烧的火焰吞没着。这是具有极端主义倾向的奥萨马·本·拉登（Osama bin Laden）和基地组织所为。伊斯兰原教旨主义认为，美国正单方面强迫各国参与全球化。可以说，9·11 事件是恐怖势力认为美国主导的全球化不合理，并通过暴力手段表达抗议的事件。而美国对此则采取了伊斯兰世界“割席”，将其排除在西方世界之外。最终，政治学家萨缪尔·亨廷顿（Samuel Huntington）提到的“文明冲突论”似乎变成了现实。这种“割席”和冲突的历史发展反方向实则与全球化趋势背道而驰。

2007—2008 年，全球金融危机席卷了全球。在政府金融管制变弱的背景下，美国次级抵押贷款导致的经济问题，产生了多米诺效应。曾经在国际金融界称霸的大型金融企业纷纷破产，并对实体部门也产生了巨大的波及效果。最终，严重的经济萧条随之扩散到了全世界。在这场全球金融危机中，人们意识到政府应该加强对金融机关活动的监督功能。这批评了强调“最大程度实现市场自由，将国家介入最低化”的新自由主义思潮，并强调了转换方向的必要性。

在全球金融危机中，所谓的“占领华尔街示威”也随之登场。示威组织者强调，收入和财富不平等现象变得越来越严重，“富裕的 1%”和“贫困的 99%”形成了鲜明的对比。虽然示威没有持续多久，但在市场万能主义环境下，贫富差距会无限扩大的主张已然深深地烙刻在人们的心中。此外，法国经济学家托马斯·皮凯蒂（Thomas Piketty）表示，经济不平等正在持续恶化，如果不能提出有效的对策，这一趋势将会持续下去。随后，托马斯·皮凯蒂还揭示了一些国家存在的不平等现象的恶化趋势。“在不平等现象成为亟待解决的问题后，别说是个别国家，如果没有国际合作，这一问题很难得到解决”的这一主张也得到了人们的积极响应。这是一次重要的意识扩散契机，即新自由主义秩序迫切需要重大的调整。

此外，美国总统特朗普的政策也对去全球化产生了不可忽视的影响。他打出“让美国再次伟大”的口号，毫不避讳推出了旨在减轻美国财政负担的政策。此外，美国还退出了主要国际机构，要求军事同盟国大幅度增加军费开支，并推行脱离现有国际贸易秩序的保护主义政策。虽然这些政策短期内会给美国带来经济利益，但是这也将使过去由美国主导制定的制度失去效力，造成美国国际地位的下降。

美国对中国展开的霸权竞争也属于去全球化。如果中美间的对立加剧，那么极有可能形成与第二次世界大战后存在的冷战体制相似的中美两极体制。

如果说美国的本国优先主义使全球化在美洲大陆上面临倒退的局面，那么在大西洋彼岸的欧洲，英国也扮演了类似的角色。英国退出欧盟，即英国从欧盟退出的事件成为了现实。在全球金融危机后，欧洲怀疑主义在英国逐渐扩散开来。在分担款高昂、东欧移民者人数增加、大陆成员国强化限制等背景下，2016 年英国就是否退出欧盟进行了公投。在经过了一段时间的政治混乱后，最终在 2020 年英国正式脱欧，这一举动给欧盟这一地区共同体带来了严重的裂痕。促进新自由主义向全世界传播的两个核心国家——美国和英国在 21 世纪站在了去全球化的前面，这给 20 世纪 90 年代以来不断持续的全球化潮流当头一击。

到目前为止，我们分析了在 21 世纪发生的去全球化动向。而给这一动向带来决定性影响的事件就是新型冠状病毒感染的大规模流行。

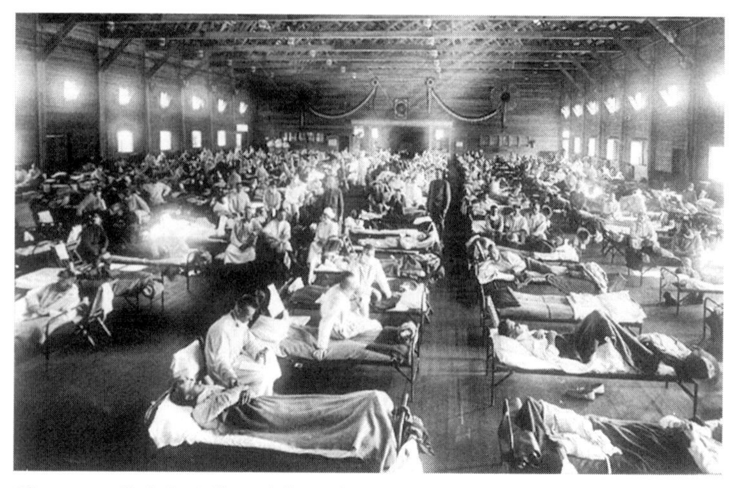

图 3-31　图为位于美国堪萨斯州的临时军用医院
随着西班牙大流感患者的剧增，出现了住院用设施短缺的现象

人们常把新型冠状病毒比作 1918 年暴发的西班牙大流感。在新型冠状病毒感染大规模传播的 100 年前左右，西班牙大流感曾给全世界造成了不可估量的损失，是人类史上规模罕见的传染病。据推测，在当时，世界人口约为 16 亿，其中 5 亿人左右患上了西班牙大流感，死亡人数高达 2 500 万—5 000 万人。据调查结果显示，韩国也有 700 多万名患者被感染，并造成 10 多万人死亡。由此可见，西班牙大流感可谓是一场规模巨大的灾难。

西班牙大流感与新型冠状病毒感染之间具有一定的共同点和差异点。首先，从共同点来看，两种传染病的传播范围都十分广泛。1918 年西班牙大流感暴发时正值第一次世界大战时期。在当时，众多年轻人参加战争后，发生了大规模的跨国人员流动现象。于是，在各自免疫力不同、生活习惯各异的人群反复聚集和分散的情况下，很容易发生感染。而新型冠状病毒是在全球化不断深入，国际人员流动非常活跃的时期大规模传播的。这是一个企业家、移民者、劳动者、旅行家、留学生等群体经常进行大规模跨国移动的时期。因此，虽然促进病毒传播的原因不同，但两次大流行都发生于人员移动非常活跃的时期。

但是，从世界秩序的角度来看，西班牙大流感大规模传播的时期和新型冠状病毒感染大规模传播的今天存在着重大的差异。西班牙大流感大规模传播时，各国正处于作战状态，并为了保护本国经济而全面提出本国优先主义和贸易保护主义。因此，西班牙大流感的大规模传播加强了去全球化的趋势。也就是说，在维持全球化方向不变的情况下，只是速度发生了变化。相反，新型冠状病毒感染是在全球化已成为通常秩序的时期发生的。虽然因9·11恐怖袭击事件、全球金融危机、特朗普的对外政策、英国脱欧等事件，全球化万能主义思维正在弱化，但多边主义和自由贸易主义仍然占据着世界秩序的中心。而新型冠状病毒的大规模传播却使这样的世界秩序发生了动摇。在大流行不断加剧和各国经济走向萧条的担忧中，许多国家逐渐向去全球化和本国优先主义靠拢。因此，从对全球秩序的影响来看，新型冠状病毒感染比西班牙大流感带来了更深刻的变化。

COVID-19 和本国优先主义

下面，让我们进一步了解新冠疫情带来的去全球化和本国优先主义产生了怎样的影响。全球化带来了生产的地域性特色。也就是说，形成了以最低的价格生产材料、零部件、半成品、成品的地方生产分工体系。如果这种全球供应网与全球性大流行传染病等紧急情况相遇，则很可能会产生意想不到的问题。

在经历新型冠状病毒感染的大规模传播后，世界人民意识到，即使减少经济利益，也要确保生产网安全。如果是至关重要的产品，应尽可能在国内具备生产设施。即使是其他商品，也应确保在国内生产的多样性。此外，通过这次大流行，我们切实感受到，即使国际自由贸易秩序再通用，在紧急情况下，这种秩序也具有突然中断的可能性。最终，为了保证国家和公民的安全，即使短期内利益受损，也需要具备应对突发性紧急情况的能力。

因此，在未来的一段时间内，各国在投票选举时，高举本国优先主义旗帜的政治家和政党更容易得到选民的支持。即使会带来国际贸易和交流减少的损失，短期内也很难违背这种趋势。随着时间的推移，人们逐渐意识到去全球化的缺点，其意识形态在社会上扩散开来，世界秩序才会再次在全球化和去全球化之间趋于平衡。至于何时取得平衡，谁也无法断言。也就是说，我们正处于新型冠状病毒这一灾难下的世界历史十字路口。

后记

过去的灾难
给我们留下了怎样的教训

COVID-19 发生后
日常生活的变化

不知不觉间，我们已经习惯了新型冠状病毒存在的生活。由于担心病毒的传播而减少外出，在家中度过的时间越来越多，我们逐渐认识到平凡的日常生活有多么可贵。像往常一样，乘坐大众交通工具、在学校和朋友们一起学习、聊天、在单位和同事们开会、吃饭、和好友见面喝酒、在 KTV 唱歌、去教堂礼拜、参加学习小组、观看话剧和演出并得到喜欢的演出者的签名、去健身房运动、享受桑拿浴、跟随着季节的变化去旅行、探访美食店，每逢佳节与家人团聚……在过去再寻常不过的生活似乎被围上了一层高墙。如今，没有口罩和消毒剂的生活如同遥远的过去，就连设想何时能再次拥有平凡的生活都变成了一种奢侈。

从新型冠状病毒在世界范围内大规模传播的情况下，我们能吸取怎样的教训呢？如何才能终止新型冠状病毒传播这一灾难呢？如何才能防患于未然，避免在将来出现新的病原体再次对我们的生活造成影响呢？这次新型冠状病毒的大规模传播透露给我们最重要的“秘密”就是病毒具有寻找薄弱环节的天赋。

在医疗水平高、公共卫生条件先进的新加坡，移民劳动者成了新型冠状病毒传播的主要途径之一。平时处于社会边缘状态，生活在恶劣的居住环境和劳动条件中的移民劳动者们变成了新加坡社会的薄弱环节，未能引起防疫专家足够的关注。此外，美国并不具备覆盖全体国民的健康保险体系。因此，因医疗费负担而无法正常就医的人成为了薄弱环节。特别是像露宿者一样无法得到政府妥善管理的群体无疑成了最薄弱的一环。在巴西，缺乏责任感和鲁莽的政治领导人行为成了薄弱环节。试想，在一个总统经常发表无视新型冠状病毒危险性和感染可能性的言论的国家，能期待怎样行之有效的对策呢？

在韩国，谁是薄弱环节呢？让我们回顾一下新冠疫情初期的情况。经常无视国家防疫方针的部分教会、偷偷营业的酒吧和光顾的顾客、物流中心等均属于薄弱环节。如果人们相信“病毒不会感染虔诚的信徒”“政府故意夸大病毒危险性”等无稽之谈，防疫就会难如登天。在强调快文化的韩国，物流中心的工人们被要求快速分类和配送大量货物。不仅如此，这些工人大多属于临时劳动者，这无疑增加了被感染的危险性。

最后，我们还应该认识到，即使个别国家将防疫任务执行到位，问题也不会就此结束。这是因为，无论这些国家在本国的防疫战打得多么坚不可摧，彻底阻止了传染病的扩散，如果其他国家对本国的防疫放任不管，最终传染病将再次威胁认真防疫的国家。这也是国际社会需要支援因技术、财政不足，无法正常进行防疫的国家的原因。不仅如此，还要在此基础上，进一步形成国际互助体系。即：无论是哪家制药公司开发出遏制传染病传播的疫苗和治疗剂，都不应过于看重知识产权带来的利益，而应在世界范围内大量生产，并迅速供应给所有国家。而疫苗和治疗剂所需费用可以根据各国的经济实力分级负担。至少在应对新型冠状病毒的大规模传播这一问题上，经历过新冠疫情这一巨大灾难的世界人民理应为建立上述国际合作体系而努力。

要想在传染病肆虐的现实中建立安全的社会，就需要找出社会的薄弱环节，并设置阻断病原体威胁人类的防御网。谁是社会的薄弱环节？社会边缘群体、被排除在社会保护框架之外的群体、为了个人的政治和经济利益，可能破坏公共价值的人、不共享社会共识的人、因相关安全知识不足而与防疫作对的人、向无辜牺牲者泄愤的人……只要这样的人仍具有一定的规模，社会安全网漏洞就无法填补。与收入水平、出身、国家、性别、社会阶层、职业、宗教、居住地区等因素无关，只有包容所有的群体，并提供制度予以保护，我们才能免受灾难。

跌宕起伏的
世界灾难史

纵观人类历史，如新冠疫情一般的灾难并不是第一次发生，新冠疫情不过是在漫漫灾难史中出现的一个插曲。灾难令不计其数的人痛不堪忍，与至亲别离。但是人类并没有就此被打倒，而是咬紧牙关重建社会，并为了预防和克服灾难而绞尽脑汁，在经历了无数次的试错后，最终使一切回归正轨。回想起来，这些试错中不乏荒唐的举动。这些试错如实地展现了人类是多么愚昧，即人类的知识储备是多么不足，人类的预测能力是多么有限。

但这并不是全部，或许我们可以从另一个角度去看待这些灾难。如果没有历史上经历过的无数次试错，如今我们应对灾难的能力如何呢？在累积的试错中领悟到的知识和智慧不恰恰成为了我们应对灾难的力量源泉吗？这种应对能力有时以优秀领导者的统率方式表现出来；有时以传承下来的民间疗法这一形式呈现出来；有时通过观察力和推论能力出众的学者加以强化以及在心灵手巧的技术人员手中孕育出来等。

作者不详，《我们一起用力，就能拉下来》，1942 年
这幅海报旨在传达要想降低事故发生概率，安全设备技术人员、劳动监督人员、劳动者就需要齐心协力的信息。

海因里希·克莱的素描画，20 世纪上半叶
虽然灾害像巨大的怪物一样不断压迫人类，但是人类一直在寻找消灭怪物的方法

更具体地说的话，首先，人类对特定灾难发生原因的理解更加深刻，并从与之类似的灾难中吸取了有益的教训；反复思考预防灾难的方法，并准备好灾难发生时将损失最小化的方案；为不可避免地遭受灾难的人提供了治疗和康复的机会以及能够重新从事经济活动的社会支援方案。其次，从灾难预防教育和训练、完善灾难救助相关法律体制、构建灾难警报体制、扩充安全设施、提供灾难医疗服务、完善灾害相关保险制度和福利体制、为患者进行康复训练和再教育、构建国际灾难应对体制等多个角度出发，在人类的积极努力下，生活安全性得到了保障，在未来还将进一步提高。

从职业方面来说，为了减少灾难发生，保障人们的安全，需要防灾教育者、游泳讲师、国会议员、公务员、通信领域专家、气象分析专家、科学家、技术人员、医生、护士、康复治疗师、工伤保险运营人员、社会福利人员、就业指导教师和咨询师、外交官和指导市民运动的专家等众多领域人员的智慧与配合。此外，还有很多领域的工作人员也直接或间接地做出了贡献，在此不一一列举。“由少数领域、少数人在短时间内解决灾难相关问题”这一想法并不现实。只有在众多相关领域活动的人们的努力下，通过分工和合作产生协同效应时，我们所生活的世界才会变得安全。

到目前为止，我们在本书中回忆了主要灾难史和克服过程。借此，我们观察了人类在经历灾难的过程中发生了怎样的变化，并思考了应对灾难时行之有效的方法。从中，我们能吸取的教训不胜枚举。问题是在得到的教训具有多样性的情况下，我们最终达成的最重要的结论是什么呢？我想，非“只有共识、集体智慧和合作体系才能最大限度地保障我们的安全”这一启迪莫属。